**■PORTA**STUDIEN **31**

Alfred Krabbe und Hans Wolfgang Valet (Hrsg.)

# Kosmologie

### Die Wissenschaft vom Universum
### und der Glaube an Gott, den Schöpfer

■
**■SMD■**
Studentenmission in Deutschland
Schüler · Studenten · Akademiker

■

## FRANCKE
Verlag der Francke-Buchhandlung GmbH

Herausgeber der Reihe PORTA-STUDIEN:
Studienleiter der Studentenmission in Deutschland (SMD)

Die Deutsche Bibliothek – CIP-Einheitsaufnahme
Ein Titeldatensatz für diese Publikation ist bei
Der Deutschen Bibliothek erhältlich

ISBN 3-86122-753-3
Veröffentlicht im Verlag der Francke-Buchhandlung GmbH
35037 Marburg an der Lahn

Umschlagfotos: © Photo Disk, außer Vorderseite kleines Bild rechts:
Hubble Space Teleskop, veröffentlicht am 23. Juli 1998
Umschlaggestaltung: Henri Oetjen, DesignStudio Lemgo
Druck: St.-Johannis-Druckerei, Lahr

# Inhaltsverzeichnis

# Vorwort

*Siehe, der Himmel und aller Himmel Himmel können dich nicht fassen.*

*(1. Könige 8, 27)*

Zauberwort Kosmologie. Die leuchtende Pracht der Sterne hat schon zu allen Zeiten die Menschen fasziniert. Lange Zeit sollte der Blick auf den Nachthimmel vor allem die Zukunft erhellen. Heute dagegen lässt er uns etwas von der frühen Vergangenheit des Weltalls erkennen. Die moderne Lehre vom Kosmos gründet sich auf physikalische Messungen. Wellen- und Teilchenstrahlungen, die uns aus dem Weltall erreichen, verschaffen uns neue Einsichten. Aber nur scheinbar hat die empirische Kosmologie die Denkbemühungen der antiken mythischen und der darauf folgenden rational-methaphysischen Epoche abgelöst. Unser Bemühen, die Welt als Ganzes zu verstehen, stimmt mit den Bestrebungen der Alten überein.[1]

Die naturwissenschaftlichen Erkenntnisse über das Weltall und seine Entstehung fordern uns Christen heraus, neu über den Schöpfergott nachzudenken. Die Bibel macht zwar keine physikalischen Aussagen – Gott kommt in keiner mathematischen Formel vor –, aber sie hat es mit derselben Wirklichkeit zu tun, die auch Gegenstand des forschenden Menschen ist. Doch weil die zu Tage gebrachten Ergebnisse immer nur Teilerkenntnisse sind, müssen sie im Horizont der ganzen Wirklichkeit interpretiert werden. Das zeigt etwa das „Anthropische Prinzip".[2] Es weist dem Menschen im Kosmos einen zentralen Ort zu. Darin stimmt es mit dem biblischen Schöpfungsbericht überein. Kann es deshalb als Hinweis auf den göttlichen Schöpfer interpretiert werden?

Die Herausgeber hoffen, dass mit dieser Schrift der fundierte Dialog zwischen Naturwissenschaft und Theologie gefördert wird. Vielleicht kann gerade die Beschäftigung mit der Kosmologie dem Wort aus Röm 1,20 zu neuer Aktualität verhelfen: „Gottes unsichtbares Wesen, das ist seine ewige Kraft und Gottheit, wird ersehen seit der Schöpfung der Welt und wahrgenommen an seinen Werken, so dass sie (die Menschen) keine Entschuldigung haben."

---

[1] BERNULF KANITSCHEIDER, Kosmologie, Reclam 8025, S. 14.

[2] Vgl. den Beitrag von EDITH GUTSCHE.

Den ersten Anstoß zu dem vorliegenden Band gab eine Tagung der SMD-Fachgruppe Naturwissenschaftler im Jahr 1992. Fast alle Autoren wirkten als Referenten bei dieser Tagung mit. Die Beiträge wurden für die Veröffentlichung durchgesehen und aktualisiert. Der Vortragsstil wurde in der Regel beibehalten und nur wenn nötig für die Drucklegung angepasst. Bei Frau ELEONORE PAUL, die den gesamten Text auf eine einheitliche Computer-Formatierung gebracht hat, möchten wir uns hier herzlich bedanken.

Marburg, im Januar 2001
Alfred Krabbe und Hans Wolfgang Valet

Zumindest eine grobe Orientierung ist nützlich ...

*Hermann Hafner*

## *Mensch und Kosmos – Zur Einführung ins Thema*

Was ist es denn eigentlich, was uns Menschen an kosmologischen Theorien so interessiert und fasziniert? Das bloße Wissen um den Ablauf und die Prozesse, die unsere Welt einmal zustandegebracht haben, kann es ja wohl nicht sein. Das wäre ziemlich bedeutungslos für unser Leben. Denn unsere Theorien ändern ja nichts daran, dass die Welt nun einmal so da ist, wie sie ist, und wir in ihr. Und es will ja auch niemand anhand kosmologischer Theorien die Welt noch einmal nachbauen. Woher rührt dann unser Interesse?

Man wird wohl antworten müssen: Es ist das alte Interesse, zu wissen oder zumindest zu fragen, „was die Welt im Innersten zusammenhält". So haben die Generationen vor uns gefragt, und so fragen auch wir. Es hält sich hier etwas in der Menschheitsgeschichte durch, das uns durch die Generationen hindurch und über die Grenzen von Völkern und Kulturen hinweg miteinander verbindet. Es ist für den Menschen offenbar ein Lebensinteresse, sich der Welt zu vergewissern, in der er lebt, die ihn umgibt und mit der er sich auseinandersetzen muss, wenn er sein Leben fristen will. Es gehört zu fast jeder Kulturgemeinschaft, dass sie sich ein Bild von der Welt macht und dieses auch pflegt.

Im einzelnen geschieht das in sehr unterschiedlichem Rahmen und Maß – teils vorwiegend auf die Alltagsbedürfnisse bezogen, teils intensiver auf das Erfassen der Weltzusammenhänge in ihrem Eigengewicht ausgerichtet. Grundsätzlich aber reicht dieses Interesse weiter als nur bis zu den pragmatischen Fragen von Lebenskampf und Lebensgenuss. Wenn es nur darum ginge, könnte es uns ja ziemlich gleichgültig sein, was vor 10 oder 20 Milliarden Jahren geschehen ist ...

Nun will ich nicht vor die ohnehin schon schwere und dichte Kost dieser Thematik noch eine ganze Kulturgeschichte der Frage des Menschen nach dem Kosmos stellen. Aber ich möchte in einigen Punkten darauf aufmerksam machen, dass diese Frage in recht unterschiedlicher Weise gestellt und beantwortet werden konnte. Ich denke, es ist wichtig für unser Nachdenken, dass wir einige solcher unterschiedlicher Perspektiven deutlich vor Augen haben, bevor wir uns in die Fülle der grundsätzlichen Aspekte wie der Einzelfragen und Einzelerkenntnisse heutiger naturwissenschaftlicher Kosmologie hineinstürzen. Dazu will ich Ihnen vier Bilder vor Augen stellen.

## 1. Bild: *Wo der Mensch im Angesicht der Götter lebt* (Die Eigenart von Kosmologien in den Religionen)

Die Antwort der Religionen auf die Frage nach der Welt ist der Hinweis auf die Götter. Das kann man beim erstmaligen Lesen mancher Schöpfungsmythen sogar ein wenig drastisch erleben: man fängt an zu lesen und will etwas erfahren über die Vorstellungen vom Werden der Welt – aber da werden zunächst einmal nur Götter und noch einmal Götter, eine Generation nach der anderen, und man wird beim Lesen ungeduldig und beginnt zu fragen „Wann kommen die endlich mal zur Sache?!“ – Ja, die sind schon längst bei ihrer Sache! Sie wollen von dem reden, was die Welt im Innersten zusammenhält – und das sind die Götter! Ein wenig nachvollziehen können Sie das dann auch unter unserer heutigen Optik noch, wenn Sie gewahr werden, dass diese Götter etwas mit den wesentlichen Elementen der Welt zu tun haben: die urtümlichen Gottheiten der Wasserfluten, der Gott des Himmels, der Gott der Luft und der Stürme usw. – die sind es, die hier auseinander hervorgehen und durch die Genealogie in ein Verhältnis zueinander und in eine Ordnung gebracht werden. Aber lassen Sie sich durch unsere heutige Optik nicht dazu verführen, in den Göttern dieser Mythen nur Weltelemente zu sehen! Den Menschen, die diese Mythen erzählten, ging es um die Götter; nur Gottheiten können die Welt zusammenhalten.

Nun sind die Religionen und ihre Mythen im einzelnen sehr unterschiedlich, und man sollte sich hüten, sie zu schnell über einen Kamm zu scheren. Aber eines ist ihnen gemeinsam, ob die Entstehung der Welt nun als solche Göttergenealogie erzählt wird wie etwa am Beginn des babylonischen Schöpfungsepos „Enuma elisch“, oder ob die Einrichtung der Welt dadurch zustande kommt, dass der Schöpfergott die grundlegenden Unterscheidungen und begrifflichen Polaritäten mit seinem Munde ausspricht, wie in einem speziellen ägyptischen Schöpfungsmythos:

Die Welt besteht durch das Bestehen und Handeln der Götter, und wenn es dem Menschen um seine Welt geht, ist er an die Götter verwiesen. Die Religionen konstituieren das Verhältnis des Menschen zur Welt als ein durch die Götter vermitteltes Verhältnis.

Wir sollten hier also nicht so schnell unserem modernen Anflug folgen und die Götter als primitive Erklärungsmuster ansehen, weil die Menschen sich die Kräfte der Welt noch nicht anders hätten vorstellen können. Damit hätten wir das Wesentliche gar nicht gesehen, sondern hätten die Götter und die Welt einfach in eins gesetzt.

Das Wesentliche ist gerade die Differenz zwischen den Göttern und der Welt bei allem noch so engen Zusammenhang: die Beziehung des Menschen zur Welt ist nur zu gewinnen auf dem ‚Umweg' – wie wir heute zu denken geneigt sind – über die Götter.

## 2. *Bild: Wie das Weltbild dem Menschen seinen Lebensinhalt zeigt* (Der potentielle Lebensbezug von Kosmologien)

Wie das Weltbild dem Menschen sagt, was es mit seinem Leben auf sich hat, das kann man sich sehr plastisch an den neuplatonischen Grundelementen des mittelalterlichen Weltbildes deutlich machen[1]:

Die Welt ist in konzentrischen Kugelschichten aufgebaut; zu innerst das unvollkommenste Element, die Erde, und in ihrem Inneren die Hölle, darum herum in aufsteigender Vollkommenheit die Elemente Wasser, Luft, Feuer und Äther, zu äußerst das Empyreum, das Paradies. Diesem Schichtenbau entspricht die Schichtung der existierenden Wesen: zu unterst die unbelebte Materie, dann die vegetative Klasse der bloß belebten Wesen, die sensitive Klasse der belebten und fühlenden Wesen, schließlich der Mensch als belebtes, fühlendes und denkendes Wesen als oberste Stufe der irdischen Wesen; darüber die Engel als reine Intelligenzen in den himmlischen Sphären. Der Mensch ist aufgrund des Sündenfalls leiblich im irdischen Element verwurzelt, aber aufgrund seiner Teilhabe an der Vernunft ist er dazu bestimmt, zu den himmlischen Sphären aufzusteigen; alle Betätigung der Vernunft dient letztlich diesem Aufstieg der Seele ins Empyreum.

Es ist deutlich: durch dieses Bild von der Welt hat der Mensch gewissermaßen seinen Rahmen, in dem er sich bewegen kann. Dieser Rahmen ist vorgegeben, und auch der Weg in diesem Rahmen war dem mittelalterlichen Menschen zunächst vorgegeben: er stand ja unter der Bestimmung des Schöpfers, dass sein Leben zur göttlichen Welt zurückkehren sollte. Das Weltbild zeigt dem Menschen seinen Platz in der Welt und das Ziel seines Lebens, es bestimmt das Menschenbild grundlegend.

Nun gibt es einen Text von GIOVANNI PICO DELLA MIRANDOLA[2], in dem dieser Zusammenhang in eine eigenartige Brechung gerät; es handelt sich um eine Anrede Gottes des Schöpfers an den Menschen:

„Du, durch keine Grenzen gefesselt, sollst nach deinem eigenen freien Willen, unter den wir dich gestellt haben, dir selbst die Grenzen deiner Natur bestimmen. Wir haben dich in die Mitte der Welt gesetzt, damit du von da leichter be-

---

[1] Vgl. KLAUS FISCHER: Rationale Heuristik. Die Funktion der Kritik im „Context of Discovery". In: Zeitschrift für allgemeine Wissenschaftstheorie 14, 1983, S. 234-272, dort S. 244f. Vgl. H. HAFNER: Naturwissenschaft und Menschenbild. Hinweise zu einem Thema christlicher Apologetik. In: Evangelium und Wissenschaft (Rundbrief der Karl-Heim-Gesellschaft) 17, 1987, S. 5.

[2] 1463 – 1494.

obachten kannst, was immer in der Welt ist. Wir haben dich weder himmlisch noch irdisch gemacht, weder sterblich noch unsterblich, damit du in Freiheit der Wahl und mit der Ehre, der Schöpfer und Bildner deiner selbst zu sein, dich selbst formen könntest zu welcher Gestalt du lieber willst. Du sollst die Macht haben, dich hinabzuentwickeln zu den niederen Formen des Lebens, die tierisch sind. Du sollst, auf den Entscheid deiner Seele hin, die Macht haben, wiedergeboren zu werden zu den höheren Formen, die göttlich sind."[3]

In diesem Text sehen wir etwas von dem, was im Umbruch vom Mittelalter zur Renaissance und zur Neuzeit geschehen ist: der Rahmen steht noch fest da, aber die Einbindung des Menschen in diesen Rahmen ist neu bestimmt. Der Mensch hat nun die autonome Entscheidung zu treffen, ob er von seinem Ausgangspunkt in der Mitte der Weltordnung seinen Weg nach unten oder nach oben nimmt – keine Vorschrift bestimmt ihn darin außer der Vorschrift der Freiheit.

So kann eine Kosmologie in unterschiedlicher Weise nicht nur als Ortsbestimmung des Menschen fungieren, sondern auch in recht unmittelbarer Weise mit der Beschreibung des Lebensinhalts und des Heilszieles des Menschen verknüpft sein, sodass dieses Heilziel innerhalb einer bestimmten Kosmologie ,am Platze' und plausibel ist, aber sofort seine Plausibilität verliert, wenn der entsprechende Rahmen des Weltbildes wegfällt bzw. durch einen anderen ersetzt wird.

### 3. Bild: *Wenn der Mensch sein Verhältnis zum Kosmos direkt bestimmen will*

In der griechischen Philosophie beginnt eine Linie menschlichen Denkens, in der der Mensch sich auf direktem Wege zum Kosmos in Beziehung setzt. In besonderer und jeweils anderer Ausprägung geschieht das in der atomistischen Naturphilosophie und in der stoischen Philosophie.

Der Atomist sieht sich inmitten einer Welt, in der alles, was ist, er selbst eingeschlossen, aus der Bewegung, Verbindung und Trennung von Atomen nach Zufall und Notwendigkeit entsteht und wieder vergeht. Das Weltbild selbst sagt unmittelbar aus, was der Mensch ist und wie er sich zu verstehen hat.

Der Stoiker hat eine Welt vor Augen, die von einer weltimmanenten göttlichen Weltvernunft gestaltet, geordnet und durchwaltet ist. In dieser Gesamtordnung ist auch dem Menschen sein Platz zugewiesen, von dieser Ordnung her ist bestimmt, wie er leben soll: „physikôs zên" war die Devise – naturgemäß, d. h. nach der Ordnung der Natur, soll der Mensch leben. Auch hier besteht also ein

---

[3]   Zitiert nach K. FISCHER a. a. O. S. 244f.

unmittelbarer Zusammenhang zwischen dem Weltbild und dem Menschenbild, zwischen der Art, wie der Mensch die Welt sieht und wie er sich selbst versteht.

Dieser Faden fließt als einer neben anderen auch in die neuzeitliche Naturwissenschaft und Naturphilosophie mit ein. In einem ihrer philosophischen Traditionsstränge wohnte ihr seit früher Zeit stets auch dieses Anliegen inne, dass der Mensch doch einsehen möge, dass er einzig in der naturwissenschaftlichen Sicht der Welt seinen wahren Spiegel vorgehalten bekomme und erkennen könne, was er ist. Was man unter anderem Aspekt Reduktionismus nennt, zeigt sich unter der hier von mir angeschnittenen Frage als das Anliegen, Mensch und Welt als unbedingte Einheit zu sehen und den Menschen ganz direkt von seinem Verhältnis zur naturwissenschaftlich erkannten Welt her zu sehen und zu bestimmen. Ich erinnere nur an das mechanistische Programm Lamettries „L'homme machine" – Der Mensch eine Maschine –, an den wissenschaftlichen Materialismus des letzten Jahrhunderts oder an JACQUES MONOD'S Büchlein „Zufall und Notwendigkeit"[4].

Diese reduktionistische Tradition kann sich dabei – durchaus nicht von vorneherein zu Unrecht – auf einen Grundsatz wissenschaftlichen Denkens stützen, der vom Mittelalter bis zur Gegenwart wirksam ist: auf „Occams Rasiermesser". Eine klassische Formulierung dieses Grundsatzes lautet: „entia non sunt multiplicanda sine necessitate" – man soll in einer wissenschaftlichen Theorie (oder auch im vernünftigen Denken überhaupt) nicht mehr eigenständige Sachverhalte behaupten als unbedingt nötig. Jüngst hat PETER ATKINS diesen Grundsatz in einer Formulierung NEWTONS als Motto über sein Buch „Schöpfung ohne Schöpfer"[5] gesetzt: „Die Natur ist nämlich einfach und schwelgt nicht in überflüssigen Ursachen der Dinge."

Der Mensch hat die Welt vor Augen und sieht sich selbst in ihrem Spiegel – das genügt. Alles weitere erscheint als überflüssig oder gar irreführend ...

## 4. Bild: *Wozu brauchte Abraham ein Weltbild?*
(Von der Eigenart biblischen Glaubens im Verhältnis zur Welt)

Wenn man auf dem Hintergrund dieser Überlegungen und Betrachtungen die biblischen Geschichten von Abraham liest, dann muss einem eigentlich etwas auffallen: Abraham brauchte kein Weltbild. Zumindest nicht für das, was von ihm in der Bibel erzählt ist und wodurch er dem Apostel Paulus als der Vater des Glaubens gilt. Das Weltbild als eine in seiner Umgebung wichtige Angelegenheit ragt zwar sozusagen von der Seite in die Geschichte Abrahams hinein,

---

[4]   München 1971 (frz. Orig.: Le hasard et la nécessité. Paris 1970).

[5]   PETER W. ATKINS: The Creation. Oxford 1981. Dt.: Schöpfung ohne Schöpfer. Reinbek 1984.

wenn er sich im Aufblick zu den Sternen der Verheißung Gottes vergewissern soll – „so zahlreich soll deine Nachkommenschaft sein" –, aber mit einem Wissen und Berechnen des Sternenlaufs hat das ja dennoch nicht das Geringste zu tun. Abraham findet die Orientierung und Ausrichtung seines Lebens nicht in der Betrachtung der Welt und ihrer Ordnungen, sondern im Hören auf das rufende Wort Gottes und im Vertrauen auf die Verheißung.

Von da aus zieht sich der Faden des Glaubens durch die Geschichte und die Texte des Alten und des Neuen Testaments. Biblischer Glaube ist in seiner Wurzel ein Vorgang, der nichts mit Weltbildern zu tun hat und sich nicht auf Weltbilder stützt; er ist vielmehr eine Vergewisserung und Ausrichtung des Lebens im Angesicht Gottes und im Vernehmen seines Wortes – unabhängig davon, wie die Welt darum herum beschaffen ist.

Doch wenn ich jetzt nicht noch etwas hinzufügen würde, hätte ich das Ganze verzeichnet. Denn blind ist dieser Glaube ja nicht! Es stimmt zwar, er zieht seinen Grund und seine Ausrichtung nicht aus der Beschaffenheit der Welt, sondern aus Gott und seinem Wort allein – aber er tut das im Angesicht der Welt mit offenen Augen. Und darum verbindet sich mit ihm das Schauen auf die Schöpfermacht Gottes über alles Geschaffene, und darum gehört im Neuen Testament zum Glauben an Jesus nicht nur die Gewissheit der Sündenvergebung, sondern auch das Wissen: „in ihm ist alles geschaffen, was im Himmel und auf Erden ist, das Sichtbare und das Unsichtbare, es seien Throne oder Herrschaften oder Mächte oder Gewalten; es ist alles durch ihn und zu ihm geschaffen. Und er ist vor allem, und es besteht alles in ihm."[6]

Was geschieht da, und wie geschieht das, dass hier ein völlig unkosmologischer Glaube eine so durchgreifende kosmologische Perspektive bekommt und behauptet? Und wie verhält sich diese kosmologische Perspektive zu der unserer naturwissenschaftlichen Forschung und zu der unserer philosophischen Traditionen?

Ich will auf diese Fragen jetzt nicht näher eingehen, sondern nur darauf aufmerksam machen: hier spielt sich ein Verhältnis des Menschen zum Kosmos ab, das noch einmal ganz anders ist als in den vorigen drei Bildern.

Dieses letzte Bild führt uns unmittelbar zur Fragestellung unseres Themas: „Die Wissenschaft vom Universum und der Glaube an Gott den Schöpfer". Wie verhält sich beides zueinander – moderne physikalische Theoriebildung über das Werden des Kosmos einerseits und der biblische Glaube an den Gott Israels, den Vater Jesu Christi, als den Schöpfer der Welt andererseits? *Muss* man das unverbunden nebeneinander stehen lassen? *Kann* man das unverbunden nebeneinander stehen lassen?

---

6   Kol 1,16f.

In der physikalischen Theorie ist zweifellos kein Platz für Gott vorgesehen – das wäre ja auch ein wenig eng für den, den aller Himmel Himmel nicht fassen können[7], wenn er ausgerechnet in einer physikalischen Theorie, die die Spielräume so weit wie möglich zu begrenzen versucht, Platz finden sollte ...! Aber ist das schon alles, was hierzu zu sagen ist? Ist Gott nicht auch ganz konkret der Herr der naturwissenschaftlich erforschten Welt? Und soll umgekehrt der Glaube taub sein für die naturwissenschaftliche Erkenntnis der Welt? Hat diese ihm nichts in sein Verhältnis zu Gott hinein zu sagen?

Diese Fragen bekommen noch eine besondere Zuspitzung, wenn man bedenkt und ernst nimmt, dass der Gott der Bibel ja nicht einfach eine Weltschöpfer-Gottheit ist, auf die man die Welt in ihrer nun einmal gegebenen Verfassung zurückführen könnte, womit dann alles erledigt wäre, sondern dass er ein Gott ist, der konkret und wirksam in der Geschichte seines Volkes und damit auch in der Geschichte der Welt – oder sollte man das umgekehrt sagen? – handelt! Auch sein Schöpferhandeln ist darum nicht anders denn als konkretes willentliches Handeln zu denken – was heißt das aber in Bezug auf unser wissenschaftliches Unternehmen, Naturgesetze zu erfassen und aufzustellen und daraus zu errechnen, wie das Universum geworden sein könnte? Und was heißt es umgekehrt für unseren Glauben an den handelnden Gott, dass wir solche Gesetze wahrnehmen und formulieren können?

Es ist also ein recht verwickelter Knoten, den wir uns da vorgenommen haben. Dazu noch einer, der eine große strukturelle Spannung in sich trägt: Naturwissenschaftliche Kosmologie – das ist, unbeschadet aller phantasievoller Entwürfe, die man dazu auch braucht, eine Sache von Messungen und Theorien, und wenn man etwas Substantielles von ihr wahrnehmen will, dann muss man schon wenigstens ein bisschen in die Einzelheiten gehen (auch wenn das für den Fachwissenschaftler noch recht grobe ‚Einzelheiten' sind). Das soll in den folgenden Beiträgen auch geschehen. Es gilt, mit ganzem Interesse in die Einzelheiten zu gehen und dabei doch zugleich den Faden der übergreifenden Gesamtfragestellung fest im Blick zu behalten und damit zu verbinden.

Versuchen wir es also!

---

[7]  1. Kön 8,27.

Gerhard Börner

# Das Standardmodell der Kosmologie / Fundamentale Beobachtungen

## 1. Das Standardmodell der Kosmologie / Fundamentale Beobachtungen

Unser Kosmos befindet sich seit Urzeiten in einer gewaltigen Ausdehnungs-bewegung (Expansion). Der Astronom HUBBLE hat diese Expansion aufgrund der Spektralanalyse des Lichts von fernen Galaxien entdeckt[1]. Galaxien sind riesige Sternsysteme, die mit bloßem Auge oder mit kleineren Fernrohren nicht in Einzel-sterne aufgelöst werden können, sie erscheinen als nebelartige Lichtfleckchen am Nachthimmel. Ein Beispiel stellt der Andromedanebel dar. Diese Galaxien, zu denen auch unsere Milchstraße gehört, befinden sich auf einer Fluchtbewegung voneinander weg. Allerdings gilt das nur im Mittel. Innerhalb von Galaxiengruppen gibt es Eigenbewegungen. Gerade beim Licht der Andromeda-Galaxie sieht man im Spektrum eine Blauverschiebung, d.h. sie bewegt sich auf uns zu.

---

[1] Durch die Rotverschiebung charakteristischer Spektrallinien. Die Rotverschiebung beruht auf dem optischen Dopplereffekt und ergibt sich, wenn sich die Lichtquelle vom Beobachter entfernt. Der umgekehrte Fall zeigt sich als Blauverschiebung (siehe Anhang, Info 1).

Die Formeln für die Hubble-Expansion besagen, dass die mittlere Flucht-geschwindigkeit v umso größer wird, je weiter das Objekt von uns entfernt ist (Entfernung d):

$$v = H_0\, d \qquad \text{und} \qquad cz = H_0\, d$$

wobei cz das Produkt aus Lichtgeschwindigkeit und Rotverschiebung ist. $H_0$ ist die Hubblekonstante, die sehr wichtig für die Kosmologie ist, deren genauer Wert aber leider noch umstritten ist.

Messwerte:

$$H_0 = (55 \pm 5)\ \text{km s}^{-1}\ \text{Mpc}^{-1}\ (\text{SANDAGE, TAMMAN})$$

$$H_0 = (100 \pm 10)\ \text{km s}^{-1}\ \text{Mpc}^{-1}\ (\text{DE VAUCOULEURS})$$

Ein neuerer Mittelwert für die Hubblekonstante ist 70 km/s pro Megaparsec, wobei 1 Mpc ≈ 3 Mio. Lichtjahre[2]. Aus der Hubble-Expansion lässt sich folgern, dass vor ca. 10 bis 20 Mia. Jahren (abhängig vom Wert von $H_0$) die Galaxien dicht beieinander waren. Ein Weltalter in dieser Größenordnung hat man auch auf anderen Wegen erhalten. Über die Sternentwicklungstheorie, die man am sogenannten Hertzsprung-Russell-Diagramm entwickeln kann, ließ sich zeigen, dass die Kugelsternhaufen unseres Milchstraßensystems über 10 Mia. Jahre alt sind. Hauptsächlich konnte so erkannt werden, dass das Weltall nicht statisch ist, sondern sich grundsätzlich in einem Alterungsprozess befindet.

Eine wichtige Kunde von den frühesten Anfängen unserer Welt bringt die sog. 3K-Hintergrundstrahlung, die 1965 von Mitarbeitern der Bell-Laboratories durch Zufall entdeckt wurde. Das Universum ist zwar sehr kalt, hat aber dennoch eine Strahlungstemperatur, nämlich ca. 3 Kelvingrade (3K) über dem absoluten Temperatur-Nullpunkt (-273 °C ≙ 0K). Diese kosmische Hintergrundstrahlung und die Expansion deuten darauf hin, dass unser Kosmos am Anfang eine Art heißer und dichter Urbrei aus Materie und Strahlung gewesen ist, der sich im Laufe der Jahrmilliarden während seiner Ausdehnung auf die heutige Temperatur abgekühlt hat. Eine sehr gute Bestätigung dieser Hypothese liegt in der Tatsache, dass das Spektrum der

---

[2]  Astronomische Entfernungen werden in Lichtjahren gemessen, d.h. in Einheiten der Strecke, die das Licht in einem Jahr zurücklegt. Die Einheit parsec (pc) ist daraus abgeleitet: 1 pc = 3,26 Lichtjahre ≈ $10^{13}$ km. 1 Megaparsec (Mpc) = 1 Million parsec.

Hintergrundstrahlung in geradezu idealer Weise mit dem Spektrum der thermischen Schwarzkörperstrahlung übereinstimmt (Bild 1).

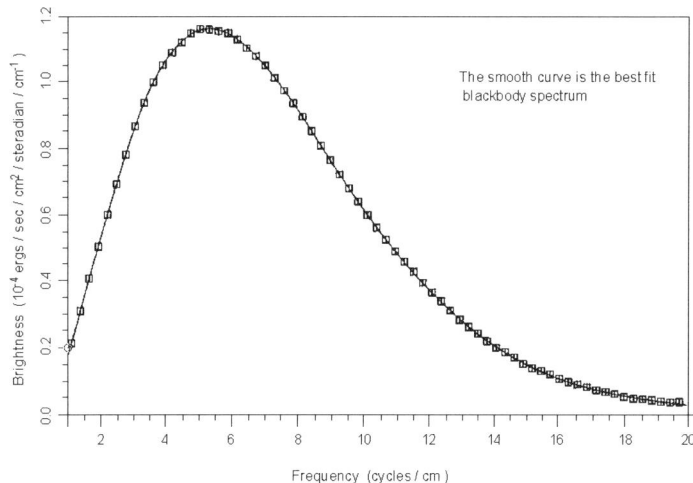

*Bild 1: Die durchgezogene Kurve entspricht der Planckschen Formel eines thermischen Strahlers mit der Temperatur T=2,735 K. Die kleinen Quadrate sind die einzelnen Messpunkte und ihr Fehlerbereich. Die großartige Übereinstimmung zeigt, dass das Universum einen praktisch strukturlosen, heißen Frühzustand durchlaufen hat.*

Eine weitere Besonderheit der 3K-Hintergrundstrahlung ist ihre Isotropie. Mit dem 1989 gestarteten Satelliten COBE wurde der gesamte Himmel nach dieser Strahlung abgetastet. Man verwendete zur Messung zwei Mikrowellen-Radiometer mit einer Genauigkeit von 1/1000 Kelvingraden. Die Eigenbewegung der Erde gegen den Strahlungshintergrund zeigt sich dabei in einer Frequenzverschiebung durch den Dopplereffekt, die subtrahiert werden mußte. Im Ergebnis zeigte sich, dass uns der „Nachhall" des singulären Ereignisses am Anfang der Weltgeschichte gleichmäßig von allen Stellen des Himmels erreicht. Darin liegt eine Bestätigung des Modells, das man den heißen „Urknall-Kosmos" nennt. Allerdings sollte man sich den Urknall nicht als Explosion im Raum vorstellen. Der Raum entsteht ebenfalls erst im Urknall T und der Gasdruck zu einem bestimmten Zeitpunkt ist überall gleich groß. Es gibt also keine Druckwelle! Deshalb spricht man besser nur von einer „Singularität".

Die Urknalltheorie wird heute als Standardmodell der Kosmologie betrachtet. Um den mathematischen Hintergrund dieser Theorie anzudeuten, soll zunächst eine

Gleichung im Rahmen der klassischen, Newtonschen Physik hergeleitet werden. Der Weltraum ist dabei ein unendlich großer euklidischer Raum. In diesem Raum betrachtet man die Expansion einer materiegefüllten Kugel mit der mittleren Dichte ρ, deren Radius r mit dem Ablauf der Zeit t größer wird. Aufgrund des Energiesatzes gilt dann für einen beliebigen Massenpunkt mit Abstand r vom Ursprung O und der Radialgeschwindigkeit $v = \dot{r}$ :

$$\dot{r}^2 - \frac{2G^*M}{r} = E \qquad \text{wobei} \qquad M = \frac{4\pi}{3}\rho \cdot r^3$$

die Masse der Kugel ist, $G^*$ die Gravitationskonstante und E eine Konstante.

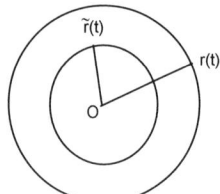

*Ein Punkt $\tilde{r}$ „fühlt" nur die Masse im Inneren „seiner" Kugel.*

Man setzt r(t) = yR(t), wobei y eine dimensionslose Bezugslänge ist, und erhält die Gleichung:

$$\dot{R}^2 - \frac{8\pi\ G^*}{3}\rho \cdot R^2 = \frac{E}{y^2}[= konst.]$$

R(t) wird als Expansionsfaktor bezeichnet.

Wenn man die EINSTEINsche Allgemeine Relativitätstheorie benützt, ergibt sich als einfachste Lösung eine ähnliche Gleichung, die zuerst von dem russischen Physiker FRIEDMANN unter Annahme einer homogenen, isotropen, dimensionslosen Raumzeit hergeleitet wurde:

$$\dot{R}^2 - \frac{8\pi\ G^*}{3}\rho \cdot R^2 = -k + \frac{1}{3}\Lambda R^2 \qquad \text{(FRIEDMANN-Gleichung)}$$

In der Newtonschen Physik expandiert das Universum im unveränderlichen ewigen Raum. In der relativistischen Physik expandiert der Raum selbst. Seine Struktur wird lokal durch die Verteilung der Materie bestimmt. Für das obige Weltmodell sieht man aber von der körnigen Struktur des Weltalls ab. Man verschmiert gewissermaßen alles zu einer homogenen Flüssigkeit. Dabei ist k der Krümmungsparameter des Weltalls (mögliche Werte +1, 0, -1) und $\Lambda$ die sog. kosmologische Konstante, die man für einfachere Betrachtungen gleich 0 setzen kann.

Um sich eine Vorstellung von den verschiedenen Möglichkeiten zu machen, denkt man sich den Kosmos zweidimensional (siehe Anhang, Info 2). Wir wären dann Flächenwesen und lebten auf einer Kugelsphäre (k=+1, sphärisches Weltall), auf einer Ebene (k=0, „flaches" Weltall) oder auf einer Sattelfläche (k=-1, hyperbolisches Weltall). In allen drei Fällen expandiert das Weltall zunächst, d.h. der Abstand zweier Raumpunkte nimmt zu. In dieser Entwicklungsphase befinden wir uns heute. Die Entscheidung darüber, wie es weitergeht, d.h. in welchem Weltalltyp wir wirklich leben, hängt an der Kenntnis des Dichteparameters $\Omega_0$ für unser derzeitiges Universum. Er berechnet sich aus der mittleren Dichte $\rho_0$ des Universums als dimensionslose Größe gemäß:

$$\Omega_0 = \frac{8\pi\, G^*}{3H_0^{\,2}} \rho_0$$

Für $\Omega_0 = 1$ ergibt sich das „flache" (d.h. euklidische), unendliche Weltall, für $\Omega_0 > 1$ reicht die Massenanziehung aus, dass das Weltall ab einem bestimmten Zeitpunkt wieder kontrahiert.

In Bild 2 ist die Entwicklung des Expansionsfaktors R(t) in den drei Fällen angegeben. Leider ist zur Zeit noch keine Entscheidung möglich. Die leuchtende Materie in den Galaxien ergibt eine untere Grenze für $\Omega_0$ von etwa 0,01; dynamische Effekte in Gruppen und Haufen von Galaxien führen zu $\Omega_0 = 0,1$ bis 0,2. Auch der von vielen vermutete Fall $\Omega_0 = 1$ ist nicht ausgeschlossen. Die Widersprüche zwischen den verschiedenen $\Omega_0$ werden hypothetisch mit einer fehlenden oder unsichtbaren Masse erklärt („missing mass problem").

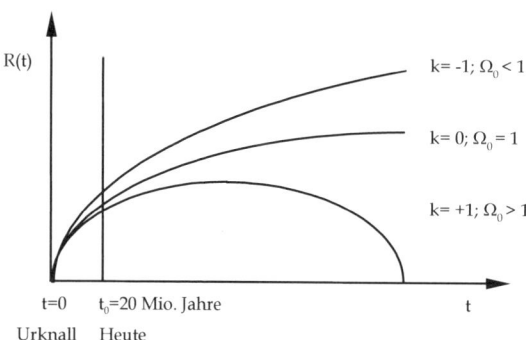

*Bild 2: Expansion des Kosmos: Hält sie an oder kehrt sie um?*

Einige scherzhafte Anmerkungen zum Thema am Rande:

*   Welches Weltmodell sagt den Menschen am meisten zu? Für manche Menschen gibt es philosophische Gründe, $\Omega_0 = 1$ anzunehmen. In einer solchen unendlichen Welt geschieht alles, was geschieht, unendlich oft, z.b. solche Vorträge über Kosmologie.

*   Beim Urknall könnte man die theologische Sprache ins Spiel bringen und den Anfangszustand als „höllisch" heiß bezeichnen. Man sollte jedoch nie vergessen, dass der Urknall ein Modell ist. Die Beobachtungen erzwingen diese Vorstellungen streng genommen nicht.

Wie sah nun im Standardmodell die weitere Entwicklung nach dem Urknall aus? In der sehr heißen und sehr dichten Anfangsphase muss es eine Zeit gegeben haben, in der die Atome in ihre Kerne und Elektronen aufgelöst waren, eine Zeit, in der die Streuung der Photonen an freien Elektronen ein thermisches Gleichgewicht zwischen Strahlung und Materie aufrechterhielt. Dies entsprach einer Temperatur von mehr als 3000 K. Im Laufe der Expansion kühlte das Universum ab, Wasserstoffatome bildeten sich und banden Elektronen, die Strahlung entkoppelte von der Materie, und das Universum wurde transparent. Nach der Entkopplung verringerte sich die Temperatur der Strahlung weiterhin umgekehrt proportional zum Expansionsfaktor R(t). Zur Zeit der Entkopplung war das Universum etwa 1500mal kleiner als heute; im Standardmodell entspricht diese Zeit einigen 100000 Jahren nach dem Urknall. Nach diesem Zeitpunkt konnte die Materie ihrer Neigung zu Zusammenballung und Klumpenbildung nachgeben – die Galaxien entstanden.

Es ist in diesem Bilde allerdings nicht unmittelbar einsichtig, wie das äußerst gleichmäßige Strahlungsfeld mit der stark inhomogen strukturierten Materieverteilung zusammenpasst.

## 2. Probleme und neuere Ansätze in der Kosmologie / Schwierigkeiten mit den Modellvorstellungen

### 2.1 Anfangsphase

Aus Bild 2 lasst sich die explosionsartige Entwicklung im Zeitursprung graphisch ablesen (dR/dt $\to \infty$). Diesem Anfangsschwung verdanken wir die Möglichkeit unserer heutigen Existenz. Wenn es diesen Schwung nicht gegeben hätte, wäre alles zu Helium verbrannt worden. So jedoch konnte z.b. die Energie der Sonne Pflanzen wachsen lassen, die heute als fossile Energieträger zur Verfügung stehen. Letzten Endes ist also der Schwung des Urknalls Grund dafür, dass wir heute Auto fahren können.

Allerdings verbleibt die Frage, wie es zu diesem Anfangsschwung gekommen ist. Zu ihm gehören gewaltige Energien. Die experimentelle Lücke beginnt oberhalb von $10^{19}$ GeV[3]. Jedoch besteht die Möglichkeit, durch astronomische Beobachtungen diese Lücke etwas zu schließen. Man kann die energiereiche Frühgeschichte unseres Universums an den fernsten Strukturen des Himmels studieren. So wird gewissermaßen das gesamte frühe Weltall zum riesigen natürlichen Höchstenergielabor. Die Elementarteilchentheorie passt zum frühen Universum. Die „Heirat" zwischen Elementarteilchentheorie und Kosmologie bringt interessante Konsequenzen. Die Frage nach der Materie, aus der wir alle bestehen, versucht man durch eine frühe Symmetriebrechung zu erklären (Baryonen-Synthese). Das Ergebnis ist ein milliardenfacher Überschuss der Photonen über die Baryonen („schwere Teilchen"). Das Verhältnis der Photonen zu den Baryonen beträgt $\dfrac{n_\gamma}{n_B} = 10^{9\pm1}$. Dieses Verhältnis bleibt konstant und stellt eine Zahl dar, die unser Universum charakterisiert.

*„Wenn wir jetzt unsere Vorstellungen vom Universum einige Milliarden Jahre zurück verfolgen, erhalten wir ein Bild, das wie Donald Duck aussieht. Da muss irgendwo ein Fehler sein."*

---

[3]  1 Giga-Elektronenvolt ist die Energie, die ein Elektron beim Durchlaufen einer Spannung von $10^9$ V erhält.

Da die thermische Fluktuation nicht reicht, um die bestehende Asymmetrie zu erklären, hat man spezielle, sehr spekulative Theorien entwickelt, sogenannte GUT-Theorien (Grand Unified Theories). Eine Folge davon ist, dass die Protonen keine stabilen Teilchen mehr sind, sondern mit einer Halbwertszeit von mehr als $2 \cdot 10^{30}$ Jahren zerfallen. Bei der *nichtbaryonischen Materie* nimmt man Teilchen an, die als exotische Materie bezeichnet werden, z.B. Neutrinos, Higgs-Teilchen, Axionen oder kosmische „strings" (siehe Anhang, Info 3). Wenn diese Teilchen Masse hätten, könnte man die kritische Masse für $\Omega_0=1$ erreichen. Es ist in der Theorie einfach, die Welt der exotischen Materie abzuleiten. Die theoretische Herleitung der „normalen" Materie bereitet dagegen mehr Probleme, obwohl der „experimentelle" Nachweis leichter ist: Unsere eigene Existenz zeigt es.

Ein merkwürdiger Aspekt des Standardmodells ist, dass die kausal verknüpften Bereiche bei Annäherung an die Anfangssingularität schrumpfen. Betrachtet man nämlich zwei gegenüberliegende Bereiche am Himmel, so sind diese so weit voneinander getrennt, dass seit der Entkopplung von Strahlung und Materie noch nicht genügend Zeit verflossen ist, als dass die beiden durch kausale Wirkungen (die ja auf v<c beschränkt sind) schon hätten miteinander in Verbindung treten können. Andererseits zeigt die Homogenität der 3-K-Strahlung die Notwendigkeit einer kausalen Verbindung des gesamten Kosmos in der Anfangsphase. Dieses Problem löst man mit einer riesigen zusätzlichen Expansion zu dem sehr frühen Zeitpunkt $t=10^{-35}$s. Diese sogenannte Inflation findet mit Überlichtgeschwindigkeit statt. Das ist insofern kein Widerspruch zur Relativitätstheorie, da sich ja der Raum selbst ausdehnt. Das starke Anwachsen jeder Länge um den Faktor $10^{40}$ bis $10^{50}$ führt zu einer Glättung von Inhomogenitäten. Der Raum wird flach. Mit dem inflationären Modell könnte man grundsätzlich die kosmischen Rätsel lösen. Jedoch bleiben große physikalische Probleme bestehen. Bis heute ist es noch nicht gelungen, dieses Modell an eine Elementarteilchentheorie anzuschließen. Eine weitere Merkwürdigkeit: Wie oben schon erwähnt, könnte der Dichteparameter $\Omega_0$ ungefähr bei 1 liegen. Die Größe dieses und auch anderer Parameter haben sich als sehr passend für uns Menschen herausgestellt. Man kann sagen, dass das Weltall mit seinen Naturkonstanten kaum anders hätte ausfallen dürfen, um unsere Existenz zu ermöglichen (Anthropisches Prinzip).

## 2.2 Galaxienverteilung

Zur Zeit HUBBLES brauchte man einige Stunden, um die Rotverschiebung einer hellen Galaxie mit einem 2,5-m-Teleskop zu messen. Heute können mit moderner elektronischer Ausrüstung, speziell Detektoren auf Siliziumbasis (CCD-Empfänger), dieselben Messungen an einem 1,5-m-Teleskop in einigen Minuten durchgeführt werden. Diese umwälzende Entwicklung der Empfänger ermöglicht es, eine große Zahl von Rotverschiebungen zu messen und damit einen Eindruck von der dreidimensionalen Struktur des Universums zu gewinnen. 1956 kannte man nur von etwa 600 Galaxien die Rotverschiebung. 1976 war die Zahl auf 2700 angewachsen und 1990 gab es bereits mehr als 30 000.

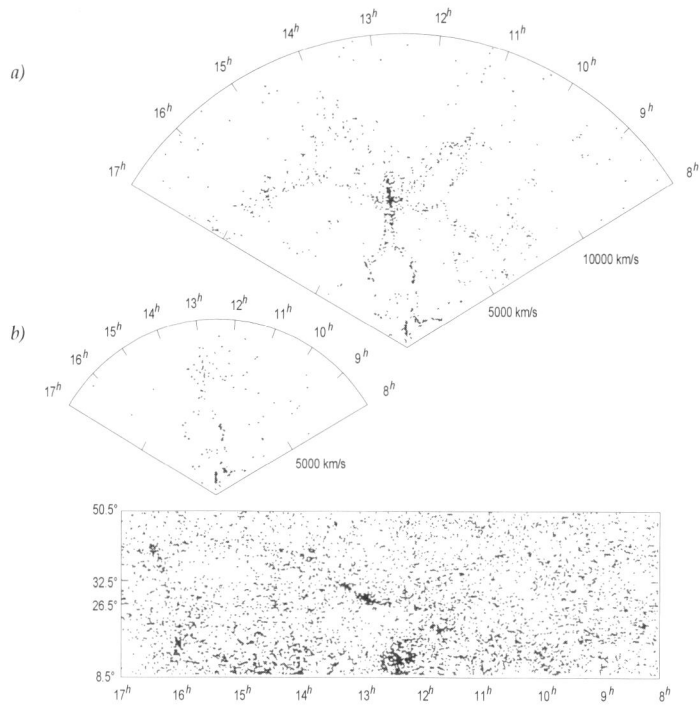

*Bild 3:  Die Verteilung der Galaxien des Zwicky- Kataloges*

*a)  Das Strichmännchen, dessen Torso der Coma-Haufen ist. Große leere Gebiete und dünne Randstreifen sind klar zu erkennen.*

*b)  Dasselbe Bild wie a), nur mit der Grenzhelligkeit $m_B=14,5$ statt 15,5*

*c)  Die Galaxien, wie sie in der Projektion auf der Himmelskugel erscheinen. Die Koordinaten sind Rektaszension und Deklination.*

Ein sehr umfassendes Programm in diesen Vermessungskampagnen wird von MARGARET GELLER und JOHN HUCHRA am „Center for Astrophysics" in Cambridge, Massachussets, durchgeführt. Sie messen die Rotverschiebungen der Galaxien, die im Zwicky-Katalog aufgeführt sind, bis zur Grenzhelligkeit von $m_B=15,5$. Bis 1990 sind etwa ein Hunderttausendstel des durch den Hubble-Radius $2c/H_0$ gegebenen Volumens (das etwa dem uns prinzipiell zugänglichen Teil des Universums entspricht) kartographiert.

Obwohl dies insgesamt nur ein kleiner Ausschnitt ist, findet man bemerkenswerte großräumige Strukturen und Muster in der Galaxienverteilung. Bild 3 zeigt ein berühmtes Beispiel (DELAPPARENT, GELLER, HUCHRA 1986). Die auffallendste Struktur ist ein breites Band aus Galaxien, das sich über die ganze Längenausdehnung der Durchmusterung erstreckt und das zwischen Rotverschiebungen von 7500 km s$^{-1}$ und 10000 km s$^{-1}$ liegt. GELLER und HUCHRA nannten diese Struktur die „Große Mauer" (Beispiel für eine Superstruktur). Sie enthält mehr als die Hälfte der vermessenen Galaxien (siehe Anhang, Info 4).

Die Untersuchungen von GELLER und HUCHRA haben auch die ersten noch mit Skepsis aufgenommenen Entdeckungen großer Leerräume („Voids") oder weit gestreckter Filamente bestätigt. In diesem Zusammenhang ist das Resultat einer sehr tiefen Durchmusterung in einem engen Winkelbereich interessant. In einem „Bleistiftstrahl" in Richtung auf den galaktischen Nord- und Südpol wurden Rotverschiebungen von Galaxien bis zu $z=0,3$, d.h. bis zu Entfernungen von etwa 2000 Mpc, gemessen (BROADHURST et al. 1990). Die Rotverschiebungen der Galaxien häufen sich bei bestimmten Werten nach einem Muster, das wohl der Vorstellung entsprechen könnte, der Sehstrahl schneide immer wieder durch die Wände von hintereinander liegenden Zellen.

Wenn alle Galaxien der gleichmäßigen HUBBLE-Expansion folgen würden, so entspräche das Rotverschiebungsbild genau der räumlichen Verteilung. Eigenbewegungen der Galaxien führen jedoch zu Abweichungen, die oft beträchtlich sein können. Die Rotverschiebung cz gibt die anscheinende Fluchtgeschwindigkeit längs der Sichtlinie an. Diese enthält die HUBBLE-Bewegung $H_0d$ und die Komponente längs der Sichtlinie $v_p$ der Pekuliargeschwindigkeit:

$$cz = H_0d + v_p$$

Ein gravitativ gebundenes System, wie z.B. ein dichter Haufen von Galaxien, erscheint durch diesen Effekt in die Länge gezogen, auf den Beobachter zu. Man spricht von einem „Finger Gottes". Der Torso des Strichmännchens in Bild 3 illustriert diesen Effekt. Hier erscheint der an sich sphärische Coma-Haufen stark verzerrt in Beobachtungsrichtung. Es gibt auch etwas Evidenz, dass neben diesem klar erkennbaren „Finger Gottes" noch eine andere großräumige Eigenbewegung auftritt. Ursache dieser Bewegung soll eine Massenkonzentration sein, die publicity-trächtig der „Große Attraktor" genannt wurde. Bislang wurde allerdings der Große Attraktor noch nicht gefunden, und auch die genaue Richtung der großräumigen Bewegung ist noch unbekannt.

Ein sehr natürlicher Weg zur Bildung von Galaxien und Haufen in einem gleichmäßigen Universum führt über anfänglich vorhandene kleine Störungen der Dichte zu deren Anwachsen und schließlichem Zusammensturz auf Grund von Gravitationsinstabilitäten. Es lässt sich jedoch zeigen, dass diese kleinen Störungen nicht kräftig genug anwachsen können. Ein Ausweg aus diesem Dilemma, der in den letzten Jahren häufig beschritten wurde, besteht darin, dass man im Wesentlichen nichtleuchtende „dunkle" Materie für die Strukturbildung verantwortlich macht. Besonders die hypothetische nichtbaryonische Materie (siehe 2.1) bietet hier viele Möglichkeiten, hat allerdings den Nachteil, dass sie experimentell noch nicht gefunden wurde. Ein Untergrund aus solcher Materie hätte keine direkte Wechselwirkung mit Photonen und kann die Schwerkraftzentren vorgeben, in denen dann die normale baryonische Materie sich ansammelt. Die leuchtende Materie, also die dünnen Wände und Schichten, wie GELLER und HUCHRA sie finden, wären sozusagen die Spitze eines Eisbergs aus dunkler Materie, die im Großen viel gleichmäßiger verteilt ist. Der russische Astrophysiker YA. B. ZEL'DOVICH hat eine mathematische Simulation dieser Situation vorgeschlagen. In diesem Modell kollabieren anfangs ausgedehnte Gebiete in eine platte Form, einen „Pfannkuchen". Daher stammt der Name „Pfannkuchenmodell" für dieses Bild.

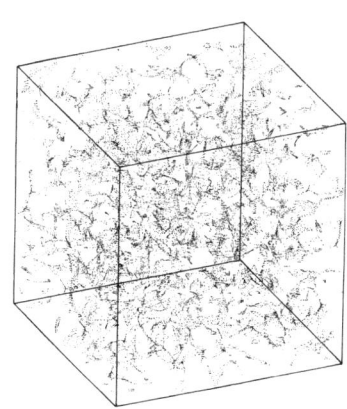

*Bild 4:  Eine numerische Simulation zum Pfannkuchenmodell. Die einzelnen Punkte sollten Galaxien entsprechen. Eine Vielzahl von Formen und Strukturen ist erkennbar. Die Kantenlänge des Würfels entspricht 450 Mpc; d.h. die Beobachtungen aus Bild 3 wären in 1/16 dieses Volumens enthalten.*

Dieses Modell geht aus von der Vorstellung eines dunklen Untergrundes von Teilchen, die sich ohne gegenseitige Stöße bewegen. Eine erste Generation von Massenkonzentrationen sollte sich durch die Überschneidung der Bahnen verschiedener Teilchen bilden – ähnlich wie die Kaustiken der geometrischen Optik durch die Überschneidungen vieler Lichtstrahlen zustande kommen. Gerade wenn keine Druckkräfte wirken (wie in stoßfreier Materie) kann man sich gut vorstellen, wie in einem kleinen anfangs nahezu sphärischen Volumenelement die Gezeitenkräfte der umgebenden Materie eine Deformation bewirken – zunächst in ein Ellipsoid und schließlich in ein flaches, „pfannkuchenartiges" Gebilde. Als Dunkelmaterie für dieses Modell könnten Neutrinos mit einer kleinen, hypothetischen Masse von $m_v \hat{=} 10\text{eV}$ bis 30eV dienen (BÖRNER 1988).

Wie aus Bild 4 zu ersehen ist, kann dieses Modell verschiedene qualitative Züge der Beobachtungen gut wiedergeben. Die Zellstruktur ist erkennbar, große leere Gebiete umgeben von dünnen Wänden sind vorhanden ähnlich wie in Bild 3. So eindrucksvoll diese Übereinstimmungen erscheinen mögen, so sollte doch angemerkt werden, dass zu einem wirklichen quantitativen Modell noch viel fehlt.

## Anhang

### Info 1: Dopplereffekt

Eine bewegte Quelle (Auto) emittiert Wellen einer bestimmten Frequenz. Der Dopplereffekt besagt, dass der ruhende Beobachter eine höhere Frequenz registriert, wenn sich die Quelle auf ihn zubewegt, und eine niedrigere, wenn sie sich von ihm fortbewegt. Beim Licht entspricht die Verkleinerung der Frequenz einer Verschiebung der Spektrallinien in den langwelligeren roten Spektralbereich und die Vergrößerung einer Verschiebung in den kurzwelligeren blauen.

## Info 2: Krümmung

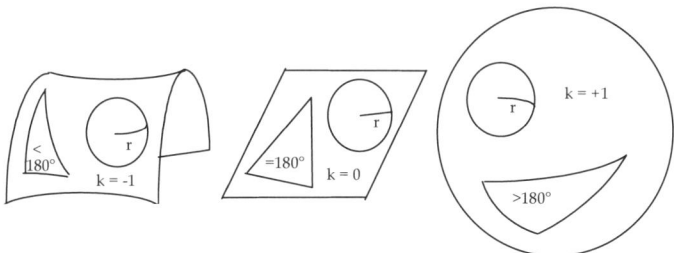

Es ergibt sich jeweils ein anderer Wert für Umfang und Fläche eines Kreises:

$U>2\pi r, F>\pi r^2$ $\qquad\qquad$ $U=2\pi r, F=\pi r^2$ $\qquad\qquad$ $U<2\pi r, F<\pi r^2$

Die Bilder zeigen die zweidimensionalen Analoga (Entsprechungen) der drei möglichen Raumkrümmungen. Die Kugeloberfläche und die Ebene sind Räume positiver bzw. verschwindender Krümmung. Die Sattelfläche ist ein Raum negativer Krümmung. Der Krümmungsparameter k gibt das Vorzeichen der Krümmung an. Der jeweilige k-Wert kann unmittelbar in den Flächen selbst durch Ausmessen der Winkelsumme im Dreieck oder des Umfangs bzw. der Fläche eines Kreises bestimmt werden. Ähnlich lässt sich im Prinzip auch die Geometrie des dreidimensionalen physikalischen Raumes ausmessen, ohne dass man hierzu diesen Raum verlassen müsste. Die praktische Durchführung dieses Konzepts liefert k = -1, jedoch sind die Fehler noch so groß, dass auch die Werte +1 und 0 nicht ausgeschlossen sind.

## Info 3: Aufbau der Materie

Um die große Zahl von Elementarteilchen zu erklären, genügen nach dem Standardmodell der Materie 24 Urteilchen (6 Quarks und 6 Leptonen mit ihren Antiteilchen). Diese Urteilchen stehen über 4 Urkräfte (Wechselwirkungen) in Beziehung zueinander, die von 4 Trägerteilchen (Austauschteilchen) übertragen werden.

## Die Urbausteine der Materie

| Quarks | | | | Leptonen (1) | | | |
|---|---|---|---|---|---|---|---|
| Identität Flavour | Symbol | Masse in MeV (2) | Ent- deckung | Identität Flavour | Symbol | Masse in MeV | Ent- deckung |
| Up | u | 5,6 | ≈1970 | Elektron | e | 0,511 | 1897 |
| Down | d | 9,9 | ≈1970 | Elektron- Neutrino | $\nu_e$ | 0 ? <17eV | 1956 |
| Charme | c | 1350 | ≈1974 | Myon | μ | 106 | 1937 |
| Strange | s | 199 | ≈1970 | Myon- Neutrino | $\nu_\mu$ | 0 ? <0,3MeV | 1962 |
| Top | t | 175000 | 1994 | Tauon | τ | 1784 | 1975 |
| Bottom | b | 5000 | 1977 | Tauon- Neutrino | $\nu_\tau$ | 0 ? <35MeV | - |

(1) „Leichte" Teilchen

(2) 1 Mega-Elektronenvolt ist die Energie, die ein Elektron beim Durchlaufen von 1Mio. Volt erhält.

## Die Urwechselwirkungen

| Name | „Ladung" | Trägerteilchen |
|---|---|---|
| Gravitations- wechselwirkung | Masse | Gravitonen |
| Elektromagnetische Wechselwirkung | Elektrische Ladung | Photonen |
| Schwache Wechselwirkung | Leptonenladung | Weakonen |
| Starke Wechselwirkung | Farbladung | Gluonen |

*Mesonen* sind Zweierverbindungen von Quarks (Beispiele: Pion, Rho, Omega). *Baryonen* sind Dreierverbindungen von Quarks (Beispiele: Proton, Neutron) Mesonen und Baryonen werden als *Hadronen* bezeichnet, weil beide an der starken Wechselwirkung teilnehmen. *Higgs-Bosonen* (nach P.W. HIGGS, 1964) werden in der Theorie der elektroschwachen Wechselwirkung (WW) gebraucht. Mit dieser Theorie wird die Vereinigung der elektromagnetischen und der schwachen WW erreicht. Allerdings sind diese Higgsteilchen bis heute noch nicht experimentell nachgewiesen. Die *GUT's* versuchen, die elektroschwache WW mit der starken

WW zu vereinen. *Superstring-Theorien* sollen alle vier WW-Kräfte zusammenfassen. Diese Theorien zählt man zu den „Theories of Everything" *(TOE's)*. Prof. BÖRNER'S Meinung dazu: „Die Superstringtheorie ist nicht unbedingt falsch, sie ist aber im jetzigen Stand wegen ihrer fehlenden Entsprechung in der realen Welt nutzlos. Derzeit gibt es keine zündende Idee für die große Vereinheitlichungstheorie" Die Superstrings sollte man nicht mit den *kosmischen Strings* verwechseln. Diese sind lange hypothetische eindimensionale Objekte, die sich über weite Teile des Universums erstrecken können. Sie wirken mit ihrer Gravitationsanziehung auf die übrige Materie.

*Info 4: Entfernungen*

| 1 Lichtjahr | $\approx 10^{16}$ m=10 Bio. Km |
|---|---|
| 1 pc = 1 parsec | =3,26 Lichtjahre |
| 1 kpc = 1000 pc | $\approx 3000$ Lichtjahre |
| 1 Mpc = $10^6$ pc | $\approx 3$ Mio. Lichtjahre |
| Sonne $\leftrightarrow$ Erde | $\approx 10^{11}$ m$\approx 8$ Lichtminuten |
| Sonne $\leftrightarrow$ nächster Stern | $\approx 4$ Lichtjahre |
| Milchstraße, $\varnothing$* | $\approx 30$ kpc |
| Milchstraße $\leftrightarrow$ Andromeda | $\approx 750$ kpc |
| Galaxienhaufen, $\varnothing$ | $\approx 5$ Mpc |
| Superhaufen, $\varnothing$ | $\approx 50$ Mpc |
| Voids (Leeren), $\varnothing$ | =20 ...50 Mpc $\approx 60$ x Entf. zu Andromeda |
| Superstrukturen, $\varnothing$ | =150 ... 500 Mpc |
| Horizont ($\Omega = 1$) | 6000 ... 12000 Mpc |

\* $\varnothing$ = Durchmesser

### Literatur:

AUDRETSCH, J.; MAINZER, K.: Vom Anfang der Welt, C.H. Beck, München 1989.

BÖRNER, G.: The Early Univers, Springer-Verlag, 1988.

BÖRNER, G.: Die räumliche Verteilung der Galaxien, Vierteljahresschrift der Naturforschenden Gesellschaft in Zürich (1991) 136/1: 1-12.

BÖRNER, G.: Die Herausforderung der „Großen Mauer", in PdN-Ph. 4/ 40, S. 9, Aulis Verlag, Köln 1991.

Bild der Wissenschaft 8/1994, S. 33.

DELAPPARENT, V.; GELLER, M.J.; HUCHRA, J.P.: 1986, Astrophys. J. 302, L1.

KANITSCHEIDER, B.: Kosmologie, Reclam, Stuttgart 1984.

*Volker Weidemann*

# Die Kosmologie und ihre Modelle – Voraussetzungen und Hinterfragung

## 1. Ist Kosmologie eine Wissenschaft oder Spekulation?[1]

Kosmologie basiert auf gewissen Voraussetzungen, die man macht, um vom Ganzen, vom Universum, sprechen zu können, oder um Weltmodelle – wie etwa die EINSTEIN-FRIEDMANN'schen – zu berechnen und zu diskutieren. Wir wollen hier diese Voraussetzungen betrachten und diskutieren und beginnen mit der wichtigsten:

### a) Das Kosmologische Prinzip

Dieses Prinzip besagt, dass der Kosmos räumlich homogen (gleichartig) ist, das heißt, dass unser Standort nicht ein ausgezeichneter ist, wie man es früher angenommen hatte: Erde im Mittelpunkt, Gestirne auf Sphären darüber usw. Jeder Beobachter im Kosmos hätte also zu einer bestimmten Zeit (z.B. heute) den – im Mittel – gleichen Anblick. Historisch hatte diesen Gedanken der *Mittelpunktlosigkeit* zuerst CUSANUS, dann GIORDANO BRUNO (der dafür mit dem Leben büßen musste), später PASCAL und NEWTON: unendliche Erstreckung des euklidischen Raumes. Dies gilt aber auch für einen EINSTEIN-FRIEDMANN-Kosmos: jeder räumliche Punkt ist gleichberechtigt (Ballonbeispiel).

Falls das Konzept des Inflationären Universums richtig ist, übersehen wir aber nur einen verschwindend kleinen Ausschnitt des Gesamtkosmos und müssen die Hoffnung aufgeben, Modellparameter, wie z.B. die räumliche Krümmung des Gesamt-

---

[1]   Vgl. hierzu: V. WEIDEMANN, in: 16. World Congress of Philosophy, Düsseldorf 1978. Hrsg. A. DIEMER, Verlag Peter Lang, Frankfurt 1983, S. 173-179.

kosmos bestimmen zu können. Wir müssen das Konzept des Universums (als Ganzes) dann reduzieren auf „unseren Kosmos".

Statt vom Kosmologischen Prinzip spricht man auch vom Kopernikanischen Prinzip, das in der schwachen Form besagt, dass wir annehmen, nicht im Zentrum des beobachteten Universums zu sein. Zusammen mit der Annahme der Isotropie (Gleichberechtigung aller Richtungen) sichert dies die Homogenität im beobachteten Universum. Im Gegensatz zur vollen Anwendung des Kosmologischen Prinzips auf ein Gesamtuniversum ist dies verifizierbar: die Untersuchung der Verteilung der Galaxien – auch der neuentdeckten Ketten und Löcherstrukturen[2] – hat bisher keine Widersprüche ergeben, ebensowenig die Isotropie der Verteilung der Radioquellen oder der 3K-Hintergrundstrahlung (alles in „unserem Kosmos").

Alternativen sind durchaus denkbar, z.B. ein Hierarchischer Kosmos, bei dem die mittlere Dichte bei Umfassung immer größerer Teilgebiete gegen Null geht, ein inhomogener (z.B. Großer Attraktor außerhalb unseres Sichtbarkeitsbereichs) oder chaotischer Kosmos, oder unendliche Wiederholung zu ausgezeichnetem Standort.

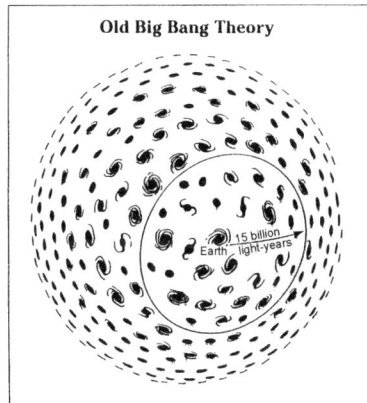

*Bild 1: 2- dimensionale Veranschaulichung von Urknall und inflationärem Weltall (aus: Mallove: The Self-Reproducing Universe. In: Sky and Telescope Bd. 76, Sept. 1988, S. 255)*

Wenn wir also ein homogenes Weltmodell wählen, so ist dies eine a priori Annahme, die in einem Evolutionskosmos eine spezielle Anfangsbedingung impliziert. Das erscheint dem Physiker unwahrscheinlich: es ist zu „contrived", ingenieurmä-

---

[2] Vgl. den vorausgehenden Beitrag von G. BÖRNER.

ßig „eingerichtet", gottgewollt  –  und Gott wird per definitionem in der Wissenschaft ausgeschlossen.

Kommen aber in einem inhomogenen Kosmos homogene Teilgebiete vor, die erst die Entwicklung von Galaxien, Sternen, Planeten und Leben wie in „unserem Kosmos" ermöglichen, so kann man das *Anthropische Prinzip*[3] zur Erklärung heranziehen: nur ein homogener und isotroper Kosmos kann „menschenfreundlich" sein. Dies wäre ein „darwinistisches" Prinzip der Selektion. Schließlich gäbe es auch mathematisch weitere Alternativen, z.b. einen topologisch anders zusammenhängenden Kosmos mit Identifikationen von Teilgebieten: es besteht aber kein Anlass, solche extremen Konstruktionen heranzuziehen (vgl. unten: Occams Razor).

## b) Universelle Gültigkeit der lokalen Physik

Dies ist die zweite weitreichende Annahme, die wir in der Kosmologie machen. Bedenkt man, dass unsere lokale Physik erst in den letzten 50 Jahren erschlossen wurde, in einem verschwindenden Zeitraum gegenüber dem Alter der Welt und auch der Menschheit, so ist ein Fragezeichen angebracht. Wer sagt uns, dass diese Physik in 100 Jahren auch noch so sein wird wie heute? Historisch ist das sehr fragwürdig. Es ist aber natürlich auch prinzipiell fragwürdig: Wie kommt ihr dazu, Gesetze, die ihr mit euren kleinen Menschengehirnen auf dem kleinen Planeten Erde euch ausgedacht und/oder getestet habt, auf die ganze Welt und alle Zeiten anzuwenden? Das gilt insbesondere natürlich für das inflatorische Weltmodell, bei dem man einen großen Sprung macht von den Bereichen, die man im Laboratorium testen kann bei einigen hundert GeV, bis zu extremen Frühphasen des Kosmos bei $10^{15\text{-}19}$ GeV. Auf der anderen Seite ist insofern eine Berechtigung zu dieser Annahme dadurch gegeben, dass die Erfahrung der letzten Jahrzehnte gezeigt hat, dass das Netzwerk der Astrophysik bisher konsistent ist.

Z.B. kann man fragen, ob die PLANCK'sche Wirkungskonstante h universal im Kosmos gilt oder die Feinstrukturkonstante usw. Die sind für die Interpretation der Spektren entscheidend. Wir beobachten heute Spektren, die von viel entfernteren Objekten emittiert wurden, als dies vor 10, 20 oder 30 Jahren möglich war. Keine Änderungen sind festzustellen gegenüber dem, was man im Laboratorium gemessen hat. Die Konstanz bleibt also ein Glaubenssatz, aber er ist durch ein Netzwerk von Beobachtungen unterstützt. Dies gilt auch für die Allgemeine Relativitätstheorie EINSTEINS, als deren Konsequenz es z.B. Schwarze Löcher geben sollte, oder eben für die Urknallmodelle mit ihren Implikationen für die Elementsynthese in den ersten drei Minuten und für die Existenz der 3 Grad-Hintergrundstrahlung, die empirisch bestätigt wurden. Wenn Materie in Schwarze Löcher hineinstürzt, sind

---

[3]   JOHN D. BARROW, FRANK J. TIPLER. The Anthropic Cosmological Principle. Oxford Univ. Press 1986

die Lichtkegel, innerhalb derer die zukünftigen Weltlinien verlaufen müssen, alle nach innen geneigt: es vollzieht sich also ein unausweichlicher Einsturz in eine *Singularität,* bei der die Dichte genauso gegen unendlich geht, wie bei der Umkehrung des Urknalls. Es gibt Theoreme aus den sechziger Jahren, die besagen, dass man im Rahmen unserer Physik bei ganz allgemeinen Bedingungen Weltlinien bekommt, die nicht fortgesetzt werden können, also in einer Singularität enden. Solange man die EINSTEIN'sche Gravitationstheorie nicht durch irgendwelche Ad-hoc-Definitionen verändert, muss es zu solchen Enden von Weltlinien kommen, entweder am Anfang oder Ende des ganzen Kosmos. Und wem das unangenehm ist und wer das nicht akzeptieren will, dem muss man entgegenhalten: dann darfst du auch nicht an Schwarze Löcher glauben. Und für deren Existenz in Doppelsternen oder Zentren von Galaxien ist die Evidenz in den letzten Jahren ständig gestiegen. Damit haben wir solche Extremsituationen nicht bloß am Anfang und Ende der Welt, sondern gewissermaßen „vor unseren Augen".

„Die größte Krise der Physik" hat JOHN ARCHIBALD WHEELER[4] die Existenz eines solchen Anfangs- oder Endpunktes der Weltlinien im Kosmos als Konsequenz der Extrapolation unserer lokal erschlossenen Physik genannt. Natürlich hat man versucht, durch Abänderung der EINSTEIN'schen Theorie dies zu vermeiden. Es gibt z.B. eine Verallgemeinerung der EINSTEIN'schen Theorie (die sog. EINSTEIN-CARTAN-V4-Theorie) in der jedes Teilchen noch einen intrinsischen Spin (Drehimpuls) besitzt und die Raumelemente auch einer intrinsischen Torsion (Verdrehung) unterworfen werden, die eine Singularität verhindern. Herr HEHL[5] in Köln hat diesen Weg verfolgt. Es gibt auch beliebig viele weitere Theorien dieser Art. Wenn man aber anfängt, Zusatzannahmen zu den Feldgleichungen EINSTEINS zu machen und entsprechende Formalismen (etwa die LAGRANGE-Funktion) abändert, dann kann man in der Tat immer weitere Kosmologien entwerfen und natürlich auch solche, die singularitätenfrei sind. Aber damit sind wir eben außerhalb des Bereichs dessen, was wir heute Physik nennen. Akzeptabel wären solche Theorien eigentlich nur, wenn sie Voraussagen machen. Es ist ein altes Prinzip, dass man nur solche Theorien akzeptiert, die überprüfbare Voraussagen machen. Wenn sie das nicht tun, sind sie im Grunde nur Spekulation oder Gedankenkonstruktion. Man kann natürlich keinen daran hindern, solche Theorien zu entwerfen, aber wenn man nicht sagen kann: Aus meiner Gedankenkonstruktion folgt dies und das, was man durch Beobachtung testen kann, dann hat das wenig Sinn. Und das gilt leider für die meisten dieser Theorien. Sie ergeben bisher keine lokalen Voraussagen, sind also mehr oder weniger spekulativ. Außerdem muss man betonen, dass die EINSTEIN'sche Allgemeine Relativitätstheorie gerade in den letzten beiden Jahrzehnten hervorragend bestätigt worden ist, sowohl bei den schwachen Feldern innerhalb

---

[4]   C. W. MISNER, K. S. THORNE, J. A. WHEELER: Gravitation. Freeman San Francisco, S. 1196.

[5]   F. W. HEHL U.A., General Relativity with Spin and Torsion. Rev. Mod. Physics 48, 393, 1976.

unseres Sonnensystems als auch in stärkeren Feldern beim Binärpulsar (Neutronen-Doppelstern)[6].

Es besteht also kein empirischer Grund, von der Annahme der universellen Gültigkeit der lokalen Physik abzugehen.

## c) Die Frage nach den Anfangsbedingungen

Das nächste Problem ist noch ernster: es ist die Frage nach den Anfangsbedingungen, insbesondere nach der Auswahl eines bestimmten Weltmodells. Die EINSTEIN-FRIEDMANN-Lösungen der Standardmodelle (ohne kosmologische Konstante) sind bei gegebener Hubblekonstante eine einparametrige Schar, charakterisiert etwa durch die mittlere Dichte[7]. Welcher dieser Lösungen unser Kosmos folgt, hängt offensichtlich von den Anfangsbedingungen ab, da die Gleichungen streng deterministisch sind. Wer oder was bestimmte diese Anfangsbedingungen? Es ist dies ein Kontingenzproblem (Auswahlproblem): es hätte auch andere Möglichkeiten gegeben! Im Mittelalter wurde dies unter der Überschrift „prima causa" für Gottesbeweise verwendet: Gott schuf die Welt und bestimmte die Art ihres Anfangs. Versuche, dies Problem zu entschärfen, werden z.B. mit dem Konzept des inflationären Universums gemacht: ganz gleich wie es vorher war, nach der Inflation erhalten wir, was wir heute registrieren – einen homogenen und isotropen Kosmos mit nahezu kritischer Dichte.

## Eine Welt ohne Anfangsbedingungen?

Ein inzwischen aufgegebener Versuch, von den Anfangsbedingungen freizukommen, war die sogenannte steady state cosmology (Dauerzustandskosmologie). Das „perfekte kosmologische Prinzip" von BONDI, GOLD UND HOYLE besagt, dass der Mensch nicht nur keine ausgezeichnete Stellung im Raum besitzt, sondern auch nicht in der Zeit: wenn auf einer anderen Galaxie zu einer ganz anderen Zeit die Welt beobachtet würde, würde sie im Mittel genauso aussehen wie heute. Die Idee war philosophisch interessant, weil sie sehr viel verlangt und auch falsifizierbar war. Und wir sind der Meinung, dass sie auch falsifiziert worden ist durch die Entdeckung der 3K-Strahlung, die nur aus einem heißen – und damit ganz anderen – Stadium des Kosmos hervorgehen kann, das es bei der Dauerzustands-Kosmologie natürlich nicht geben dürfte. In ihr wird an Stelle eines Urknalls ständige Neuentstehung von Materie in den sich durch die Expansion verdünnenden Gebieten verlangt, aus denen sich immer neue Galaxien bilden würden. So müsste es junge und alte Galaxien gleichzeitig geben, und es dürfte auch nicht eine globale Evolution dieser „Bevölkerung" geben, wie wir sie für Radiogalaxien, Quasare und neuer-

---

6   V. WEIDEMANN, Der Doppelsternpulsar PSR 1913+16: ein idealer Testfall für Gravitationstheorien. Physikalische Blätter 49, 1101, 1993.

7   Vgl. den vorausgehenden Beitrag von G. BÖRNER.

dings mit dem Hubble-Space-Teleskop auch für gewöhnliche Galaxien beobachten. Bei unserem Blick in die Ferne und damit in die Vergangenheit können wir direkt ablesen, dass es früher anders war als heute. Damit kann die Dauer-zustandskosmologie für unseren Kosmos ad acta gelegt werden. Man kann sie zwar im Rahmen der LINDE'schen Chaotischen Inflationstheorie[8], nach der ständig neue Universen oder Baby-Universen entstehen, in größerem Rahmen wiederbeleben, nur ist dies nicht durch Beobachtungen falsifizierbar.

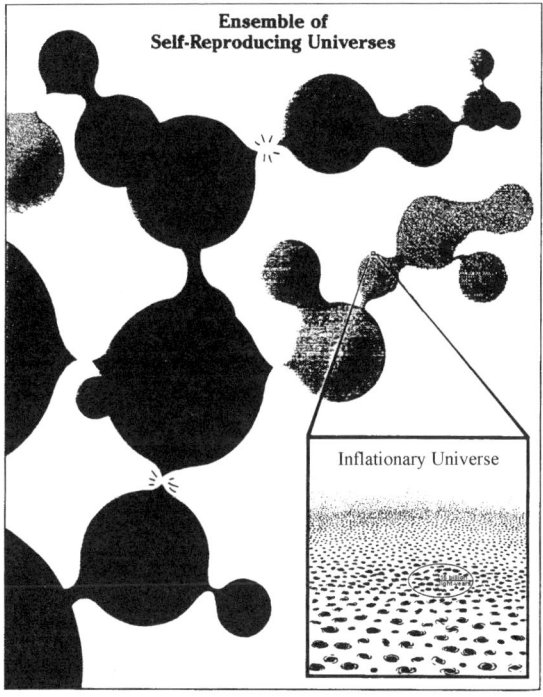

*Bild 2: „Baby-Universen"*
*(aus: Mallove: The Self-Reproducing Universe.*
*In: Sky and Telescope Bd. 76, Sept. 1988, S. 256)*

---

[8]  Vgl. A. LINDE, The Self-Reproducing Inflationary Universe. Sci.American, November 1994, S. 32-39.

## Zufallswelten aus dem Quantenvakuum?

Das, was in dieser Hinsicht noch am meisten diskutiert wird, sind Vakuum-Fluktuationen aus einem Urchaos, in dem zufällige Fluktuationen zu einer Ausgangssituation führen können für ein inflationäres Modell. Die Idee stammt ursprünglich von TRYON, und VILENKIN hat dies als „Die Entstehung der Welt aus dem Nichts" formuliert in dem Sinne, dass das Vakuum ja im Mittel energetisch Null ist. Ein absolutes Nichts ist es aber nicht, eher ein undefiniertes Urchaos, in dem Raum und Zeit nicht mehr unterscheidbar sind. Quantenhafte Vakuumfluktuationen sollen zu einer hohen Anfangsenergie führen, aus der dann unser Kosmos resultiert: wir lebten aber dann in einem *Zufallsuniversum*! Damit wird das Kontingenzproblem natürlich noch verschärft. VILENKIN[9] formulierte „Obviously we must live in one of the rare universes which tunneled to the symmetric vacuum state." Also eine der wenigen Welten im Universum, die gerade durch einen quantenmechanischen Tunneleffekt ins Leben getreten sind. So schafft man nicht *einen* Kosmos, sondern eine *Vielzahl* von Welten und muss die Existenz anderer Welten zulassen. Das ist ein konzeptuell sehr wichtiger Schritt, der heute in Deutschland z.B. von KANITSCHEIDER (Giessen) und anderen, die sich als rationalistische Philosophen bezeichnen, akzeptiert wird. Nichtspekulative Aussagen können wir natürlich nur über unsere Welt machen. Viele meinen jedoch, dass so etwas vernünftig, sogar naturwissenschaftlich zulässig ist, was ich jedoch abstreite.

### Die Naturkonstanten und das Anthropische Prinzip

Auch die Frage der „*Auswahl*" der *Naturkonstanten* gehört in diesen Zusammenhang. Warum haben dimensionlose Größen bestimmte Zahlenwerte? Offensichtlich eine Anfangsbedingung. Im Rahmen der Vielweltenhypothese gäbe es die Möglichkeit, dass es auch Welten geben könnte, die mit anderen Naturkonstanten versehen sind. Und nicht nur das: alles hat man durchüberlegt, andere Topologien, andere Urfelder usw. – jedenfalls hätten wir ein anderes Universum.

Dann zieht man allerdings das A*nthropische Prinzip*[10] heran, das besagt, dass die meisten dieser hypothetischen Welten nicht die Bedingungen für die Entstehung von Leben erfüllen, sie sind nicht „menschenfreundlich" und deshalb ist es kein Wunder, dass unser Kosmos die vorgefundenen Naturkonstanten etc. hat.

Man hat nämlich festgestellt, dass relativ kleine Änderungen, z.B. der Gravitationskonstanten, erhebliche Änderungen für die Sternentstehung und -entwicklung implizieren würden. Wenn die Entwicklung von Leben aber ruhige Bedingungen über Milliarden Jahre erfordert, wie auf der Erde im Bezug auf die Sonne, könnten solche Änderungen unsere Existenz verhindern.

---

[9]   A. VILENKIN, Creation of Universes from Nothing, Physics Letters 117B, 25, 1982.

[10]   Vgl. dazu ausführlich den nachfolgenden Beitrag von E. GUTSCHE.

Derartige Untersuchungen haben, nach DICKE (1961), BRANDON UND CARTER (1968), COLLINS UND HAWKING (1973), CARR UND REES (1979) weitergeführt. Das Auflisten der physikalisch notwendigen Bedingungen für unsere Existenz konstituiert das schwache Anthropische Prinzip, das zunächst noch keinen Erklärungswert hat, sondern nur eine Feststellung ist. Um Erklärungswert zu bekommen, muss man die Vielweltenhypothese einführen.

COLLINS UND HAWKING haben die wissenschaftliche Welt erschüttert durch eine Veröffentlichung[11], in der sie schrieben: „Die Welt ist isotrop, *weil wir hier sind"*. Sie hatten als erste nach DICKE, der das implizit auch schon dachte, den Mut, das so direkt zu sagen. Es ist ein wichtiger Punkt, dass man dazu annehmen muss, es gibt wirklich beliebig viele Welten, die Möglichkeit allein reicht nicht aus, um dem Anthropischen Prinzip Erklärungswert zu geben.

Daneben gibt es ein „Starkes Anthropisches Prinzip", das besagt, dass die Parameter so sein müssen, dass Leben sich entwickeln muss. Dies läuft darauf hinaus, dass entweder nur *ein* Kosmos mit diesem Ziel entworfen ist (z.B. durch den „Schöpfer") oder dass es viele Welten gibt, die aber alle die Eigenschaft haben, Leben hervorbringen zu müssen. Das „Finale Anthropische Prinzip" nimmt dazu an, dass Leben, einmal entstanden, nicht wieder verschwinden kann (darauf basiert z.B. das umstrittene Buch „Die Physik der Unsterblichkeit" von TIPLER[12]). Der Spekulation sind anscheinend keine Grenzen gesetzt!

## d) Das Prinzip der Einfachheit

Angesichts dieser Situation empfiehlt es sich, das berühmte Rasiermesser von Occam (Occam's razor, 1250) anzusetzen, das *Prinzip der Simplizität:* Nicht ohne Not Zusatzannahmen machen! EINSTEIN hat seine Allgemeine Relativitätstheorie letztlich aus dem Prinzip der Simplizität erahnt und gewonnen. Er hätte seine Gleichungen vielleicht noch komplizierter schreiben können. Heute weiß man, dass seine Theorie tatsächlich die „simpelste", die einfachste, ist, die gewisse physikalisch vernünftige Regeln erfüllt, in der Dimensionalität und in der Ordnung der Ableitungen usw. In diesem Punkt ist auch die Frage nach der Benutzung seiner Lambda-Konstante relevant: soll man diese in den EINSTEIN'schen Gleichungen null setzen oder nicht? EINSTEIN hat sie zunächst ungleich null gesetzt, weil er der Meinung war, dass das Weltall statisch ist, eine Kugelwelt, die nicht zusammenfällt oder sich ausdehnt. Seine Konstante benutzte er für die Stabilisierung. Dieser EINSTEIN-Kosmos, 1917 so genannt, hatte damals großes Aufsehen erregt. Es war eine Kugelwelt, ein dreidimensionales Analogon einer zweidimensionalen Kugeloberfläche, die stabil ist und um die man im Prinzip herum gucken konnte. Man

---

[11] C. B. COLLINS, S. W. HAWKING, Astrophys.J.180, 317, 1973.

[12] F. J. TIPLER, Die Physik der Unsterblichkeit, Piper Verlag 1994.

zeichnete EINSTEIN, wie er seinen eigenen Hinterkopf beobachtete, um zu zeigen, wie absurd sein Weltmodell sei. Leider hat man dies auch vor den antisemitischen Karren gespannt, um damals zu sagen „Die Wissenschaft der Juden ist völlig verrückt".

Nachdem die FRIEDMANN-Modelle mit Lambda gleich Null den dynamischen Charakter der Lösungen der EINSTEIN-Gleichungen gezeigt hatten, und kurz darauf HUBBLE die Fluchtbewegung der Galaxien entdeckte und damit einen Expansionskosmos empirisch bestätigte, bezeichnete EINSTEIN die Einführung von Lambda als den größten Fehler seines Lebens. (Heute allerdings kommt diese Konstante wieder zu Ehren – etwa im Bonn-Potsdamer Modell von PRIESTER[13]). Dennoch: gegenüber anderen Gravitationstheorien mit komplizierteren Ansätzen ist die Einfachheit der EINSTEIN'schen Gleichungen heute bestätigt (vgl. oben: lokale Physik).

Die Einfachheit der Natur aufzudecken ist unser Streben. Es ist geradezu ein Glaube, dass die Natur einfach sein muss. EINSTEIN widmete viele Jahre dem Versuch, Gravitation und Elektromagnetismus zu verschmelzen. Er war nicht allein in diesem Vereinheitlichungsstreben, HERMANN WEYL (Eichtheorien) und KALUZA/KLEIN (5-dimensionale Geometrie) bemühten sich ebenso in den zwanziger Jahren. Das klappte damals nicht, weil man die Kernkräfte und die schwache Wechselwirkung (wichtig beim radioaktiven Zerfall und anderen Neutrinoprozessen) noch nicht dabei hatte. Auch HEISENBERG versuchte sich in den fünfziger Jahren mit einer Weltformel. Heute hat man „Superstringtheorien[14]", die mit noch höheren Dimensionen arbeiten (SCHWARZ, GREEN, 10 Dimensionen), alle Kräfte umfassen sollen und die Quantentheorie konsistent implizieren. Das soll dann als „theory of everything" dienen, bleibt aber bisher eine reine Gedankenkonstruktion, da man daraus noch keine verifizierbaren Vorhersagen gewinnen konnte. So ist kritische Betrachtung angebracht.

Bei diesen Theorien kommen durch die Quantentheorie Wahrscheinlichkeitsereignisse ins Spiel, die bei der EVERETT'schen Interpretation der Quantentheorie[15] zu Aufspaltungen der Welt in Richtung der Zukunft führen. Durch die Vielfachheiten der Welten hat man aber die angestrebte Einheit der Welt im Grunde aufgegeben: Paradox!

Ohne Glaubensaussage kommt auch ein rationalistischer Philosoph nicht durch. Dafür gibt es einige Beispiele. Die Quantentheorie erschließt uns eine tiefere Schicht der Wirklichkeit als die klassische Physik, dem wird heute allgemein zugestimmt. Der Realitätsbegriff wird dann allerdings sehr schwierig. Die Interpretation

---

[13]  J. HOELL, W. PRIESTER, Astron. Astrophys. 251, L23, 1991 und folgende (ausführliche Darstellung und Zitate bei R. VAAS: Neue Wege in der Kosmologie. Naturwiss. Rundschau 47, 43, 1994).

[14]  J. ELLIS, The Superstring: Theory of Everything or of Nothing. Nature 323, 595, 1986.

[15]  H. EVERETT, Reviews of Modern Physics 29, 454, 1957.

der Quantentheorie ist nicht einhellig (EPR-Experiment, delayed choice, etc.[16]). Es gibt drei oder vier verschiedene Interpretationen. Nach EVERETT z.B. spaltet sich die Welt nach jedem Messvorgang in reale neue Zweige auf, die gleichzeitig existieren. Wir haben keinen Kontakt mehr zwischen diesen aufgespaltenen Welten, aber können gemeinsam in die Vergangenheit schauen. Dies erscheint absurd, ist aber gegenüber der Kopenhagener Interpretation (die die gleichfalls absurde „Reduktion der Psi-Funktion" bei jedem Messvorgang verlangt) vor allem in Anwendungen auf die Kosmologie bevorzugt. Irgendwie zeigt diese Situation doch die Beschränktheit unseres Begriffsvermögens. Der Mensch hat zwar ein hochkompliziertes neuronales Netzwerk, aber er stößt doch hiermit an seine Grenzen.

Ein anderes Paradoxon besteht darin, dass wir in der Physik anfangen mit Grundsymmetrien, z.B. im Urvakuum. Später gibt es dann Symmetriebrüche, die unsere reale Welt bestimmen. Wenn z.B. Baryonen und Antibaryonen nicht in unterschiedlicher Zahl da wären, wäre alles wieder zerstrahlt. Es gäbe dann auch heute nur einen Strahlungskosmos, aber keine Beobachter. Da kann man wieder das Anthropische Prinzip einschalten: Wir haben unendlich viele Welten. Einige haben geringe Unsymmetrien – ein Baryon mehr auf eine Milliarde Baryonen-Antibaryonenpaare – darum können wir existieren.

Wir möchten zwar fundamentale *Symmetrien* in der Physik haben und finden die auch schön, aber dann kommen diese hässlichen *Symmetriebrüche*, – die immer etwas Kontingentes an sich haben, da sie nämlich so verlaufen können, aber auch anders – aber denen verdanken wir unsere Existenz! Das ist in der Biologie besonders klar, und es gilt auch für die Evolution geistiger Strukturen (A. UNSÖLD[17]).

## e) Das Singularitätsproblem

In einem weiteren Schritt wenden wir uns dem *Singularitätsproblem* zu. Hier geht es um die Alternativen: entweder Anfang und Ende, Alpha und Omega, die Tore der Zeit, oder unendliche Fortsetzbarkeit die man lange diskutiert hat unter dem Begriff „Oszillierendes Weltall" oder die heute im chaotischen Linde-Kosmos wiederauferstanden ist. WHEELER hat die Nichtfortsetzbarkeit die „größte Krise der Physik" genannt. Die Physik kann nicht zugeben, dass sie einen Anfang gehabt hat und ein Ende haben könnte, sie muss weitergehen. Das Ende von Weltlinien ist aber im Rahmen der Allgemeinen Relativitätstheorie unausweichlich, wie oben ausgeführt, im Urknall genauso wie in Schwarzen Löchern. Alles Wissen, das man vorher hatte, geht beim Einsturz verloren. Allerdings hat HAWKING gezeigt, dass Schwarze Löcher auch zerstrahlen können (praktisch allerdings nur Minilöcher aus der Frühphase): vollkommen neue Information tritt dann in Erscheinung – eine

---

[16]  Vgl. C. F. V. WEIZSÄCKER, Aufbau der Physik. Carl Hanser Verlag, München/Wien 1985.

[17]  A. UNSÖLD: Evolution kosmischer, biologischer und geistiger Strukturen, Wissenschaftl. Verlagsanstalt Stuttgart 1981.

Fortsetzbarkeit aus der Vergangenheit wäre nicht möglich. In diesem Sinne bestimmen die Singularitäten den heutigen Zustand der Welt.

In der Quantentheorie müssen wir ja grundsätzlich Erkenntnisgrenzen annehmen, z.B. die Unmöglichkeit der gleichzeitigen Bestimmung von Impuls und Ort eines Teilchens, den Welle-Partikel-Dualismus. Solche Erkenntnisgrenzen werden sich vielleicht auch in der Kosmologie ergeben, wenn wir so weit in den Urknall zurückgehen, dass die Quantentheorie die Hauptrolle spielt, also in die Planckepoche, $t < 10^{-43}$ sec. Aber 1 Sekunde nach dem Urknall waren die heutigen Kräfte schon alle vorhanden: Gravitation, Elektromagnetismus, schwache Wechselwirkung, starke Wechselwirkung. Die Kernkräfte, beschrieben durch Quantenchromodynamik, die heutige Theorie der Elementarteilchen, das passt alles ganz gut. Bis zu diesen Energien (100 GeV) kann man so ungefähr mit Beschleunigern wie CERN, DESY experimentieren.

Es ist aber hoffnungslos, die viel früheren Phasen der GUTs (Grand Unified Theories) bei Energien von $10^{15}$ GeV jemals im Laboratorium zu erforschen, man kann lediglich nach Überbleibseln von Reaktionen aus jener Phase suchen, ähnlich wie das Helium, das später, nach Minuten, in der undurchsichtigen Phase des Strahlungskosmos entstanden ist, heute noch vorhanden ist. Wir können die vorhergesagte Häufigkeit berechnen und mit den Beobachtungen vergleichen. Allerdings hängt die berechnete Häufigkeit von der Zahl der vorhandenen Neutrinofamilien ab. Die astrophysikalisch bestimmte Häufigkeit ist so, dass mehr als drei Neutrinofamilien nicht verträglich wären mit den Fehlergrenzen der Beobachtung. Man hat inzwischen bei DESY und CERN so lange gewisse Zerfälle gemessen, dass man jetzt Aussagen machen kann über die Zahl der Neutrinofamilien: es sind in der Tat nur drei! Ein Beispiel dafür, dass ein Laboratoriumsversuch *heute* etwas aussagen kann über die Verhältnisse zu einem Zeitpunkt *3 Minuten nach dem Urknall*, bei dem wir nichts direkt sehen können. Nur die Relikte sind noch da. Und so hat man auch gehofft, den Protonenzerfall oder exotische Teilchen[18] nachzuweisen, die GUT-Theorien vorhersagen. Das ist allerdings bisher trotz vieler Bemühungen noch nicht gelungen.

Zu einer Veranschaulichung der Frage der *Raum-Zeitbegrenzung im Anfang* betrachten wir ein Bild in nur zwei Koordinaten, Ortsrichtung und senkrecht dazu die Zeitachse. Darin sind parallele Weltlinien für Punkte eingezeichnet, die sich in äquidistantem Abstand befinden und sich nicht relativ zueinander bewegen. Diese Weltlinien hängen gewissermaßen herab und knäueln sich unten „am Boden" bei ganz kleinen Werten der Zeit auf. Dies entspricht dem Rückgang in die früheste Planckepoche, in die Urchaosphase, also unter $10^{-43}$ Sekunden: dort verlieren Raum und Zeit ihre üblichen Eigenschaften. Räumliche und zeitliche Komponenten gehen

---

18  Vgl. den vorausgehenden Beitrag von G. BÖRNER.

statistisch durcheinander, sodass wir nicht mehr von einer Zeitrichtung sprechen können. Nicht nur die Frage nach dem, was *vor* dem Urknall war, wird damit sinnlos, sondern schon vor Erreichen des Zeitnullpunkts wird der Zeitbegriff außer Kraft gesetzt!

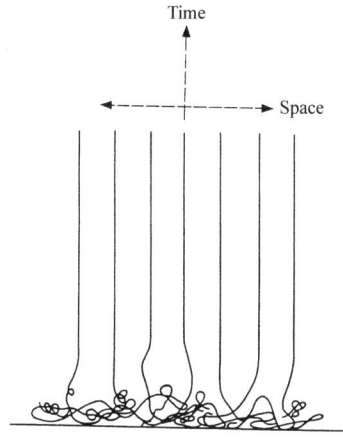

*THE EARLY UNIVERSE*

*Bild 3: Knäuelung der Zeit im Urchaos*
*(aus: Harrison, Kosmologie, Darmstadt ²1984, S. 562)[19]*

## f) Die Struktur der Zeit

Als Letztes haben wir die *Struktur der Zeit* zu bedenken. Zeit ist ja eigentlich ursprünglich newtonisch, aber seit EINSTEIN mit dem Raum verknüpft in der Raumzeit. In der Quantentheorie wird alles etwas fragwürdig. Für EINSTEIN war das Weltlinien-Konzept eine ganz klare Waffe gegen deren statistische Interpretation. Wenn die Teilchen, die Wechselwirkungen und die Geometrie, die er ja durch seine Gleichung bestimmte, einmal festgelegt waren, beschreiben die Weltlinien ganz eindeutig vorher berechenbare Wege. So kann man Vergangenheit, Gegenwart und Zukunft in einem einzigen Weltliniengewebe darstellen. Da gibt es nicht plötzlich

---

[19] Abdruck mit freundlicher Genehmigung des Verlags Darmstädter Blätter, Haubachweg 5, 64285 Darmstadt.

zwei Möglichkeiten, so oder so, sondern alles ist vollkommen festgelegt. Und wenn wir nach EINSTEIN vorgehen – er hat dies selbst so formuliert – ist der Unterschied von Vergangenheit, Gegenwart und Zukunft nur eine „hartnäckige Illusion", die wir als Menschen haben. Wir „krabbeln" da irgendwo auf unserer Weltlinie hoch oder hängen daran, und wohin wir krabbeln müssen, steht schon fest. Auch die Zukunft ist schon erfasst, von Alpha bis Omega. Wenn man dagegen die Quantentheorie nimmt, so kann man – wie WEIZSÄCKER das immer betont hat – feststellen: Vergangenheit ist faktisch, ist eingefroren, Zukunft ist *offen*. Im Rahmen der Quantentheorie gibt es alle möglichen Verzweigungen und zukünftige Möglichkeiten, und das bedeutet einen wesentlichen Unterschied zwischen Vergangenheit und Zukunft, in dem Sinn, dass für die Zukunft ganz andere Erwartungen da sind.

Was nun die Zeit in der Kosmologie betrifft, möchte ich etwas vorlesen, was der Astrophysiker HARRISON formuliert hat: Zeit ist Raumzeit. Zeit ist mit dem Universum erschaffen. Der Entwurf des Kosmos ist zeitlos und raumlos. Wir fragen ja in der Physik immer nach den Anfangsbedingungen. Bei Einnahme des EINSTEIN'schen Standpunkts könnten wir aber genauso gut nach den Endbedingungen oder allgemein Randbedingungen fragen. Dies äußert HARRISON auf folgende Weise: „Lassen Sie uns für einen Augenblick annehmen, dass ein allmächtiges Wesen das Universum erschaffen hat. Wir müssen fragen: wurde das Universum geschaffen, wird das Universum geschaffen oder wird es geschaffen werden? Zeit gehört zweifelsohne zur Raumzeit, und weil Raumzeit physikalisch ist, muss die Zeit mit dem Universum geschaffen werden. Schöpfung ist ein zeitloser Akt. Alles, was in der Raumzeit angeordnet ist, ist zeitlos geschaffen. Nachdem dieser Punkt geklärt ist, lassen Sie uns nun annehmen, dass das Universum ein selbstkonsistentes Ganzes ist und keiner Erschaffung von außerhalb bedarf. Mit derselben Argumentation können wir nun sagen: Was auch immer den kosmischen Entwurf bestimmt, die kosmische Harmonie vereinheitlicht, ist zeitlos und raumlos. Warum nun alles auf den Anfang und nicht auf das Ende zurückführen, wenn doch der Entwurf von allem zeitlos bestimmt ist? Ich weiß die Antwort nicht, aber es scheint mir, dass hier ein kosmologisches Problem vorliegt, das nachdenkenswert ist."[20]

Es ist bemerkenswert in dieser Gedankenführung, dass man nicht auf theologische Aspekte zurückgreifen muss, wie es z.B. AUGUSTIN getan hat, um zu sagen: Die Schöpfung ist zeitlos. Das ist natürlich eine ganz andere Vorstellung als die newtonische, wo die Zeit von minus unendlich bis plus unendlich verläuft. Die Raumzeit entsteht und vergeht. Dass sie eng gebunden ist an die Materie, wissen wir seit EINSTEIN, aber in dieser Konsequenz ist es bisher nicht formuliert worden. Man kann die Frage nach einem Gesamtentwurf auch einfacher aufwerfen, wenn man sich auf rationalistische Argumente beschränkt: den Urknall einmal vorausgesetzt läuft alles andere nach physikalischen Gesetzen ab – wir brauchen Gott nicht mehr.

[20]  E. R. HARRISON, Quarterly J. Royal Astron. Soc. 25, 423, 1984.

Dann kann man aber trotzdem fragen: Wie war das eine Sekunde nach dem Urknall, – da gab es ja bisher noch nicht einmal ein Helium- oder ein Wasserstoffatom und doch war darin schon alles inkorporiert? „Wusste" das Wasserstoffatom dann schon, dass es die Möglichkeit hatte, später eingebaut zu sein in ein Molekül und in einen Menschen? War dieser Plan von Anfang an da oder ist da später noch etwas dazugekommen? Diese Frage muss man sich doch stellen! Es bleibt doch ein unerklärbares Wunder, wie aus einem Anfangszustand, der so ganz anders war, so etwas werden konnte wie unsere heutige Welt, mit aller Kompliziertheit und mit allen neuronalen Netzwerken des Menschen.

## g) Fazit: Ist Kosmologie eine Wissenschaft oder Spekulation?

Ich komme auf die Anfangsfrage zurück: Ist Kosmologie eine Wissenschaft oder ist sie Spekulation? Wissenschaft ist sie, soweit man die Interdependenzen im beobachtbaren Bereich untersucht, etwa Galaxienstrukturen, und die Frage, wie Galaxien überhaupt entstehen, zu beantworten sucht. Auf diesem normalen, wissenschaftlichen Weg bemüht man sich, voranzukommen ohne in Spekulation zu verfallen. Wo man darüber hinaus extrapoliert, etwa in die allerfrühesten Phasen der kosmischen Entwicklung, wird der spekulative Anteil immer größer.

Ich persönlich füge noch hinzu, dass wir wahrscheinlich wie in der Quantentheorie auch in der Kosmologie lernen müssen, dass gewisse Fragen unbeantwortbar sind. Es mag scheinbar widersprüchliche Konzepte geben, die unsere Realität adäquat beschreiben, wie Kausalität, Spontaneität, sogar Finalität. Finalität ist natürlich etwas, was kein Wissenschaftler mehr akzeptieren möchte, aber nach allem, was sich herausschält, muss man sagen, dass man wahrscheinlich tatsächlich nur *mit den drei Konzepten zusammen* die kosmologische Wirklichkeit beschreiben kann. In einem umfassenderen Sinne brauchen sich diese Aspekte nicht auszuschließen: damit kommt man eigentlich schon auf theologische Fragestellungen.

MCCREA, der englische Kosmologe, hat einmal etwas bezüglich der physikalischen Gesetze gesagt[21]. Er beschäftigte sich mit den Frühphasen des Kosmos in einer damaligen einfacheren Fassung: „We must get away from the concept that physical laws are something that the Universe must obey. They are something that our thinking about the Universe must obey." Das Denken über den Kosmos muss sich fügen, weil die Struktur unseres „neuronalen Netzwerkes" nicht ausreicht, gewisse Dinge zu begreifen und „unter einen Hut" zu bringen, wie wir das in der Quantentheorie schon gelernt haben. Das wird sich hier wahrscheinlich auch zeigen, und damit dürften gewisse Fragen hinfällig werden. Viele Gehirnleistungen entwickelten sich. Nach der evolutionären Erkenntnistheorie ist das Erkennen des Menschen – seine Gehirnstrukturen und alles – im Lauf der Evolution an seine Umgebung angepasst

---

[21] W. H. MCCREA, Nature 228, 21, 1970.

worden. Das ist zum Beispiel ein dreidimensionaler euklidischer Raum und eine normal weiterlaufende Zeit. Darüber hinaus kann der Mensch wunderbarerweise auch mathematisch denken, z.b. gekrümmte Räume erfassen. Aber was im Urknall „wirklich" geschah, kann er aus seiner geschöpflichen Begrenztheit nicht zu behaupten wagen.

## 2. Theologische Aspekte

Wir glauben nicht an einen Gott, der sich – wie in der Prozess-Theologie – im Evolutionskosmos ständig mitentwickelt, sondern nach christlicher Auffassung ist Gott transzendent. Nach H. SCHWARZ, dem Regensburger Theologen, ist *Gottes Wort auf das Ganze der Wirklichkeit* zu beziehen. Nur muss man darauf achten, dass Gottes Wort primär an den Menschen gerichtet ist und nicht naturwissenschaftliche Aussagen machen will. Der Mensch ist der Herausgerufene des Kosmos, er hat offensichtlich eine Sonderstellung im Kosmos. Das ist ja auch der Inhalt des Anthropischen Prinzips (vgl. oben). Wenn man das mit dem Wort Gottes in Verbindung bringt, so ist es eine Anrede, ein Anruf. Jeder, der die Bibel kennt, wird bestätigen, dass Gott den Menschen anredet. Insbesondere durch die Offenbarung in Jesus Christus. „Als die Zeit erfüllt war" hat es Gott gefallen, alle Dinge zusammenzufassen in Jesus Christus (Eph 1,10). Es gibt so ein Schöpfungsgeheimnis und ein Offenbarungsgeheimnis!

Christen sprechen von Offenbarungsglaube und Offenbarungsreligion, im Gegensatz zu einer natürlichen Religion. Eine natürliche Religion ist etwas, was man direkt aus der Natur ableiten könnte. Offenbarung ist etwas Kontingentes, genau so wenig nötig wie andere kontingente Ereignisse im Kosmos. Der Theologe PAUL SCHÜTZ hat das so formuliert:

„Konfrontierung mit dem Unverfügbaren
ist noch nicht Konfrontierung mit der Offenbarung."

Wenn wir jetzt durch diese kosmologischen Betrachtungen zum Staunen gekommen sind über gewisse Naturkonstanten-Relationen und anderes, das alles sehr wunderbar ist, dann ist das noch keine Konfrontierung mit der Offenbarung. So etwas kann uns zwar zum Glauben verlocken, sagt PAUL SCHÜTZ, der Glaube aber bleibt immer ein Akt der Freiheit, ein Wagnis. Es wird nicht gelingen, irgendwelche neuen Gottesbeweise aus der Kosmologie abzuleiten. Der Glaube hat mit Vertrauen zu tun und mit Dimensionen, die sich den Naturwissenschaften entziehen.

Reflektieren wir zum Schluss noch über „Gottes unsichtbare Wirklichkeit": Gott ist transzendent, außerhalb von Raum und Zeit, ist also nicht immanent. Er ist unausmessbar, hat nichts mit Maß und Zahl zu tun, während wir unsere ganze Wissenschaft ja auf das Messen stützen. Er ruft das, was nicht ist, ins Dasein (Röm 4,17). Darüber hinaus sagt Paulus: Christus ist Ebenbild des unsichtbaren Gottes und der

Erstgeborene vor allen Kreaturen (Kol 1,15) oder Jesus selber statuiert: Ehe denn Abraham war, bin ich (Joh 8,56) – woraufhin er mit Steinen beworfen wird, weil er so etwas Unverschämtes sagt.

Diese Verse sollen meines Erachtens zum Ausdruck bringen, dass es die Frage der zeitlichen Geordnetheit, die wir immer so mitschleppen, im theologischen Maßstab nicht gibt. Wir müssen uns ja auch in der Physik davon lösen, dass wir ständig fragen, „was war vor dem Urknall" oder „was kommt nach dem Ende der Welt". So etwas ist nicht zulässig. Unsere Vorstellungen sind durch evolutionäre Erkenntnisfähigkeit oder durch unsere Geschöpflichkeit begrenzt. In Raum und Zeit sind wir verloren, sagt PASCAL, das ist „des Menschen *Elend*", doch kann der Menschengeist den Kosmos umfassen: darin liegt des Menschen *Größe*.

So kommen wir wieder zurück auf das oben Gesagte: Der Mensch ist der Herausgerufene des Kosmos, an sich verloren in Raum und Zeit, verloren auch in anderer Weise, aber herausgerufen, und darin liegt seine Größe. „Ausgang und Eingang, Anfang und Ende, liegen bei Dir Herr, füll' du uns die Hände" singen wir in einem Kanon. „Gottes unsichtbare Wirklichkeit" aber – als Glaubensaussage – durchdringt das Sichtbare. Was sichtbar ist, ist zeitlich, aber was unsichtbar ist, das ist ewig, – wobei „ewig" natürlich auch jetzt wieder nicht als unendliche Zeit zu verstehen ist. Gottes Herrlichkeit ist bereitet für uns, die wir nicht sehen auf das Sichtbare, sondern auf das Unsichtbare (2.Kor.4, 17-18). Und Jesus sagt zu Thomas: Weil du mich gesehen hast, darum glaubst du. Selig sind, die nicht sehen und doch glauben (Joh 20,29). Die Frage, ob Glauben an Sichtbarkeit hängen muss oder nicht, ist also schon zu Jesu Zeiten angeschnitten worden, genau wie die Frage der Zeitlichkeit.

Schließlich wollen wir noch fragen, wie wir die Wunder der Schöpfung darstellen können im Zusammenhang mit dem Sternenhimmel. Was empfindet man bei dessen Anblick? Als ich das erste Mal auf dem Mt. Palomar war, im Jahr 1958, mit meinem dortigen Professor, Jesse L. GREENSTEIN, der mich zum Beobachten mitgenommen hatte, da ging er in der Nacht mit mir heraus aus dem Inneren der Kuppel auf den Catwalk, eine Außengalerie. GREENSTEIN war kein Christ, sondern ein nicht praktizierender Jude, ein Agnostiker, würden wir vielleicht sagen. Wie er dann den freien Sternenhimmel sah und ihn mir zeigte, da war er sichtlich begeistert. Es war fast wie eine Art Gottesdienst für ihn, diesen Sternenhimmel zu sehen. Ich hatte ihn sonst noch nie so kennen gelernt. Es schwang etwas Emotionales mit, und das erging mir natürlich auch so.

Wenn man auf einem hohen Berg unter einem klaren Himmel den Sternenhimmel sieht, ist man davon zutiefst beeindruckt. Hier muss man mit JOHANNES KEPLER und dem Magdeburger OTTO V. GUERICKE, den Sternenhimmel als Schöpfungswunder empfinden.

Ähnlich erging es mir, als ich auf der Reise nach Australien in Samoa mit einer Schnorchelmaske Tropenfische beobachtete: das kommt gleich nach dem Sternenhimmel! In Vielfalt und Farbigkeit überwältigend! Man wird dann auch zu der Aussage von WEYL gedrängt, dass *angesichts der Wunder der kosmischen Entwicklung die Deutung und These eines einzigartigen Evolutionsplans beinahe unwiderstehlich ist.*[22]

---

[22] H. WEYL, Philosophie der Mathematik und Naturwissenschaften, Oldenbourg 1982. Vgl. auch V. WEIDEMANN, Unser Kosmos – Zufall oder Plan. In: Glaube und Denken. Jahrbuch der Karl-Heim-Gesellschaft, Bd. 11 (1998), S. 149.

**Edith Gutsche**

# Das Anthropische Prinzip

> *„Wenn wir ins Universum hinausblicken und erkennen, wie viele Zufälle in Physik und Astronomie zu unserem Wohle zusammengearbeitet haben, dann scheint es fast, als habe das Universum in gewissem Sinne gewusst, dass wir kommen. "*
>
> FREEMAN J. DYSON[1]

## 1. Einleitung

Nach gängiger Meinung kommt dem Menschen in der Physik nur die Rolle des Beobachters bzw. Konstrukteurs von Theorien zu. In den Theorien selber hat er keinen Platz, es sei denn, er selber soll beschrieben und untersucht werden.

Von dieser bewährten Methode scheint das sogenannte „Anthropische Prinzip" abzuweichen. Diese recht bedeutsame Begründungsfigur wurde 1961 von ROBERT H. DICKE (Princeton, New Jersey) vorgeschlagen. Auslöser waren etwa zwanzig Jahre zurückliegende

---

[1]  FREEMAN J. DYSON. Zitiert bei REINHARD BREUER: Das anthropische Prinzip. Der Mensch im Fadenkreuz der Naturgesetze. Frankfurt, Berlin, Wien: Ullstein 1984.

Arbeiten von PAUL DIRAC[2] über den Wert dimensionsloser Fundamentalkonstanten und die Diskussion darüber.

## 2. DIRACS Zahlenrätsel und DICKES Antwort

Den Zahlenwerten von physikalischen Konstanten haftet solange eine gewisse Willkür an, wie sie mit Maßeinheiten versehen sind. Ob z.b. eine Strecke in Metern oder Füßen gemessen wird, ist nur eine Frage der Konvention. Auch die Maßzahl einer Konstanten hängt entsprechend von der Wahl der zugehörigen Einheiten ab. Für die Lichtgeschwindigkeit gilt z.B.:

$$c = 2{,}998 \times 10^8 \text{m/s} = 1{,}079 \times 10^9 \text{ km/h} = 9{,}836 \times 10^8 \text{ ft/s}.$$

Erst wenn man dimensionslose Konstanten verwendet, können ihre Zahlenwerte universelle Bedeutung gewinnen.

PAUL DIRAC fielen bei den für die Kosmologie wichtigen dimensionslosen Konstanten überraschende Koinzidenzen auf. Sie lassen sich in drei Gruppen einteilen, Zahlen in der Größenordnung von eins, von $10^{39}$ und von $10^{78}$.[3]

Zur ersten Gruppe gehören die SOMMERFELD'sche Feinstrukturkonstante, deren Kehrwert 137 beträgt, und das Massenverhältnis von Proton und Elektron mit einem Wert von etwa 1840, zur zweiten Gruppe das Alter des Universums (ausgedrückt in einer atomaren Zeiteinheit: $\approx 10^{39}$) und das Verhältnis von elektrischer Kraft und Gravitation zwischen einem Proton und einem Elektron ($\approx 10^{39}$), zur dritten Gruppe das Verhältnis der Masse des Universums und der Masse eines Protons ($\approx 10^{78}$). Einen Überblick findet man in Info 2.

Für DIRAC war diese Gruppenbildung kein Zufall. Er stellte die Hypothese auf, dass es sich hier um ein fundamentales zeitunabhängiges Naturphänomen handelt.

DIRACS Forderung, diese Relation sei eine permanente, führt allerdings zu folgenreichen kosmologischen und astrophysikalischen Konsequenzen. Die Gravitation (Gravitationskonstante G\*) z.B. müsste mit der Zeit (t) schwächer werden (G\*~ $t^{-1}$), die Anzahl der Teilchen im beobachtbaren Universum (N) mit der Zeit (t) anwachsen (N~$t^2$). Dies löste seinerzeit eine intensive Diskussion unter den Wissenschaftlern aus.

Es zeigte sich jedoch, dass die genannten Folgerungen aus DIRACS Hypothese nicht haltbar sind und somit DIRACS Hypothese auch nicht. Das Zahlenrätsel bleibt allerdings bestehen.

ROBERT H. DICKE drehte 1961 DIRACS Hypothese quasi um. Er vermutete, dass die Besonderheit der großen Zahlen nur in dem kleinen Zeitintervall gilt, in dem es Beobachter gibt:

Das Universum muss ein gewisses Mindestalter haben, damit schwere Elemente entstehen können, die als „Baumaterial" für die Beobachter benötigt werden. Elemente wie Eisen, Kohlenstoff und Sauerstoff entstehen im Innern von schweren Sternen. Sie gelangen durch Sternexplosionen (Supernovae) in den interstellaren Raum und werden dann in neue Sterne eingebaut. Das Universum darf aber auch ein gewisses Höchstalter nicht überschritten haben. Sonst wären die meisten der Sterne, die ein Planetensystem wie das unsrige besitzen

---

[2]  P.A.M. DIRAC: The cosmological constants. Nature 139 (1937), 323 und P.A.M. DIRAC: Nature 139, 1001f.

[3]  P.A.M. DIRAC: The cosmological constants. Nature 139 (1937), 323, vgl. unten Info 1.

kann, längst gestorben. Daraus folgerte DICKE, dass das Alter des Universums ungefähr so groß wie die Lebensdauer eines durchschnittlichen Sterns sein muss.[4] Die Teilchenzahl und die Stärke der Gravitation bestimmen maßgeblich die Sternentwicklung mit. So wird deutlich, dass das gegenwärtige Alter des Universums mit der Teilchenzahl und der Stärke der Gravitation in einer bestimmten Beziehung stehen muss.

Üblicherweise werden aus physikalischen Theorien Aussagen über die Zukunft abgeleitet, d.h. Vorhersagen gemacht. DICKE hat aus der Existenz des Menschen auf den Beginn des Universums zurückgeschlossen und damit das sogenannte schwache Anthropische Prinzip als neue Methode eingeführt, ohne diesen Begriff zu gebrauchen.

Erst 1974 führt BRANDON CARTER den Namen „Anthropisches Prinzip" ein. Er unterscheidet zwischen dem schwachen und dem starken Anthropischen Prinzip. Die Begriffe werden im folgenden Kapitel erläutert.

## 3. Das schwache Anthropische Prinzip – ein Selektionsprinzip

REINHARD BREUER[5] formuliert in seinem Buch „Das anthropische Prinzip" wie folgt:

*Schwaches Anthropisches Prinzip*

*Weil es in diesem Universum Beobachter gibt, muss das Universum Eigenschaften besitzen, die die Existenz dieser Beobachter zulassen.*

In das Standardmodell der Kosmologie gehen eine Reihe von Anfangsbedingungen ein, die zunächst als rein zufällig hingenommen werden. Abweichende Anfangsbedingungen, z.B. eine andere Lichtgeschwindigkeit, sind durchaus physikalisch denkbar und möglich, würden jedoch ein anderes Universum zur Folge haben. Das schwache Anthropische Prinzip fungiert hier als Selektionsprinzip[6]. Hat man schon keine vorangehende Ursache, so doch wenigstens eine nachfolgende Bedingung. Da es intelligentes Leben im Kosmos gibt und dieses Leben an eine Reihe genau abgestimmter Vorbedingungen gebunden ist, muss die Entwicklung im Kosmos so verlaufen sein, dass die heute tatsächlich bestehenden physikalischen Bedingungen entstehen konnten. Aus der Menge alternativer Möglichkeiten werden alle aussortiert, die das Auftreten von Menschen ausschließen.

Einige Beispiele sollen das Vorgehen erläutern.

### 3.1 COLLINS UND HAWKING – Großräumige Isotropie und die lokalen Inhomogenitäten im Universum

BARRY COLLINS und STEPHEN HAWKING bezogen in ähnlicher Weise wie DICKE das schwache Anthropische Prinzip ein, um folgende Eigenschaften des Universums zu begründen, die großräumige Isotropie und die lokalen Inhomogentitäten.

---

[4]  GEORGE GALE: Das anthropische Prinzip: kein Universum ohne Mensch. In: Spektrum der Wissenschaft 2/82, S. 90-99.

[5]  R. BREUER, a. a. O., S. 24.

[6]  Der Begriff stammt in diesem Zusammenhang von JOHN BARROW und FRANK TIPLER (J. AUDRETSCH, a. a. O., S. 167).

Zu den eindrucksvollsten Belegen für die Isotropie des Universums gehört die mit einer Temperatur von 2,73 K verbundene elektromagnetische Hintergrundstrahlung, die aus allen Richtungen des Raums in gleicher Weise empfangen werden kann und anzeigt, dass sich das Universum im thermodynamischen Gleichgewicht befindet.[7] Trotz dieser Isotropie sind Galaxien, also lokale Inhomogenitäten, möglich.

Diese Kombination von Isotropie und lokaler Inhomogentität wäre nicht realisiert, wenn die nach dem Urknall vorhandene Expansionsgeschwindigkeit der Materie bei sonst gleichen Bedingungen einen anderen Wert gehabt hätte. Die Expansionsgeschwindigkeit muss gerade so groß sein, dass sie die anziehende Wirkung der Gravitation ausgleichen kann. Wäre die Expansionsgeschwindigkeit nur etwas kleiner ausgefallen, so wäre das Universum schnell wieder kollabiert, wäre sie nur etwas größer gewesen, so hätte das Universum seine anfängliche Eigenschaft beibehalten, wäre also vollkommen homogen geblieben oder hätte seine vorhandenen Inhomogenitäten nur vergrößert. In keinem Fall wären Galaxien entstanden.

„COLLINS und HAWKING zogen aus diesem Resultat folgenden Schluss: Die Existenz von Galaxien gehört offensichtlich zu den notwendigen Voraussetzungen für die Entwicklung jeder Form intelligenten Lebens, aber dann ist die beobachtete Isotropie des Universums letztlich nur eine Konsequenz unserer eigene Existenz."[8]

Dies ist im Sinn des schwachen Anthropischen Prinzips allerdings eine laxe Ausdrucksweise. Ein zeitlich späteres Ereignis, das Auftreten intelligenten Lebens, kann nicht ein zeitlich früheres, das Entstehen von Galaxien, zur Folge haben.

## 3.2 CARTER – Feinabstimmung kosmologischer Konstanten

Wie schon COLLINS und HAWKING konnte in besonderer Weise auch BRANDON CARTER aufzeigen, dass es eine erstaunliche Feinabstimmung unter etlichen der kosmologischen Konstanten gibt (vgl. Info 1).

Ihre Werte müssen nach dem Urknall sehr genau konstant geblieben und aufeinander abgestimmt sein. Selbst kleinste Änderungen hätten einen Kosmos zur Folge gehabt, der Leben in seiner jetzigen Form nicht zugelassen hätte.

Wäre die Gravitationsfeinstrukturkonstante auch nur um eine Größenordnung verändert, so gäbe es entweder jetzt noch keinen Planeten, auf dem menschliches Leben möglich wäre, oder solch ein Planet wäre schon wieder verschwunden, bevor sich Leben entwickeln konnte.[9]

---

[7]   Dies ist um so erstaunlicher, als wir heute Strahlung erhalten können, die von Materiebereichen aus so weit auseinander liegenden Orten ausgesandt wurde, dass diese Materiebereiche bis zurück zum Urknall kein gemeinsames Ereignis haben konnten. Wie soll dann ein thermodynamisches Gleichgewicht entstanden und erhalten geblieben sein? Auf dieses Rätsel im Standardmodell weiß die Theorie des Inflationären Universums eine Antwort.

[8]   GEORGE GALE, a. a. O., S. 99.

[9]   GEORGE GALE, a. a. O., S. 96ff.

Bereits eine Änderung von 1% bei der SOMMERFELD'schen Feinstruktur-konstante würde die Existenz von normalen Hauptreihensternen[10] unmöglich machen. Diese Sterne wären dann entweder rote kühle oder heiße blaue Sterne. Rote Zwerge strahlen zu schwach, um einen bewohnbaren Planeten genügend zu erwärmen, und blaue Riesen verbrennen ihren Energie-vorrat zu schnell, es bleibt nicht genug Zeit, um die Entstehung von Leben zu ermöglichen. Ein Planetensystem wie das unsrige gäbe es auf jeden Fall nicht.[11]

Eine Supernova, bei der die im Innern eines Sterns erzeugten schweren Elemente herausge-schleudert werden, ist nur möglich, wenn die schwache Wechselwirkung genau die heute beobachtete Stärke hat. Ist ein massereicher Stern im Innern weitgehend abgebrannt, so entsteht dort ein Neutronenstern, auf den die äußere Materie mit großer Geschwindigkeit herabfällt. Es entsteht eine Stoßwelle, die am Kern reflektiert wird und durch den gesamten Stern nach außen läuft, um damit die Supernova auszulösen. Erst die beim Aufprall der äußeren Materie auf den inneren Neutronenstern entstandenen Neutrinos, die von der sehr dichten Materie in der Schockwelle in großen Mengen absorbiert werden, geben der Schockwelle den nötigen Schub, um bis zum Sternrand vorzudringen. Wäre die schwache Wechselwirkung etwas schwächer, könnten die meisten Neutrinos die Schockwelle unbehel-ligt durchlaufen und diese würde zu früh ihren Schub abschwächen, ohne durch die Stern-hülle zu brechen. Wäre die schwache Wechselwirkung etwas stärker, so würden die meisten Neutrinos in Reaktionen im Sterninneren verwickelt und könnten die Schockwelle nicht un-terstützen. Die für die Entstehung von Leben benötigten chemischen Bausteine blieben eingeschlossen und ständen nicht zur Verfügung. Es kommt hier also auf eine genaue Fein-abstimmung der schwachen Wechselwirkung an.

Nur eine verschwindend kleine Untermenge aller physikalisch denkbaren Welten – sie unter-scheiden sich z.B. in der Stärke der vier Grundkräfte oder in wichtigen Parametern wie Materiegehalt oder Expansionsgeschwindigkeit – erlaubt das Auftreten von intelligentem Leben. Dass wir gerade unseren Kosmos vorfinden, korrespondiert damit, dass es uns Men-schen gibt.

### 3.3 HOYLE – Vorhersage einer Kohlenstoff-Resonanz

FRED HOYLE machte 1954 sehr erfolgreich eine wissenschaftliche Vorhersage, die auf dem Anthropischen Prinzip beruht. Er hatte sich mit der Frage beschäftigt, wie Kohlenstoff in ausreichenden Mengen im Innern von Sternen entstehen konnte.

ED SALPETER hatte 1952 folgenden Mechanismus vorgeschlagen: Zwei Heliumkerne bilden beim Zusammenstoß einen Beryllium-8-Kern, der jedoch nicht stabil ist und nach einer Lebensdauer von $10^{-17}$s wieder zerfällt. Um Kohlenstoff-12-Atome zu bekommen, muss innerhalb dieser Zeit ein weiterer Heliumkern dazustoßen und mit dem Beryllium ver-schmelzen.

---

[10] Trägt man in einem sogenannten Hertzsprung-Russell-Diagramm (Oberflächen-temperatur eines Sterns aufgetragen über seiner Helligkeit) möglichst viele Sterne ein, so befinden sich die meisten Sterne in einem schmalen Band, der Hauptreihe. Sterne verbringen die meiste Zeit ihres Lebens auf der Hauptreihe. Unsere Sonne befindet sich etwa in der Mitte der Hauptreihensterne und hat damit genau die richtige Kombination von Lebensdauer und Strahlungsdichte.

[11] JÜRGEN AUDRETSCH (Hrsg.): Vom Anfang der Welt. München: C.H. Beck'sche Verlagsbuchhand-lung 1990²), S. 168.

Dies ist mit einer hinreichenden Ausbeute nur möglich, wenn die Energie der beiden Ausgangskerne Helium-4 und Beryllium-8 zusammen genau so groß oder nur minimal kleiner ist als eins der im Kohlenstoff-12-Kern vorhandenen Energieniveaus, was äußerst unwahrscheinlich schien.

HOYLE berechnete das zugehörige Energieniveau für Kohlenstoff-12 und überredete seinen Freund, den Kernphysiker WILLY FOWLER, danach zu suchen. HOYLE war klar: „Da es uns gibt, muss Kohlenstoff ein Energieniveau von 7,6 MeV haben."[12] FOWLER fand tatsächlich ein Energieniveau, das nur 4% über dem von HOYLE berechneten liegt. Die fehlende Energie kann leicht durch die kinetische Energie der Stoßpartner geliefert werden. Würde das gemessene Energieniveau nur wenig über dem von HOYLE berechneten liegen, so wäre die Bildung ausreichend vieler Kohlenstoff-12-Kerne nicht möglich. Die erforderliche Energie muss genau passend sein und kann nicht einfach aufgeteilt werden.

Das ist auch der Grund, warum die Nachfolgereaktion, die Entstehung von Sauerstoff-16-Kernen, in großem Maßstab nicht stattfindet. Ein Helium-4- und ein Kohlenstoff-12-Kern bieten zusammen eine Energiemenge an, die um nur 1% über dem zugehörigen Energieniveau eines Sauerstoff-16-Kerns liegt.

FRED HOYLE sagt: „Die physikalischen Gesetze sind vorsätzlich auf Folgen hin entworfen, die sie für das Sterninnere haben. Wir existieren nur in Teilen des Weltalls, in denen die Energieniveaus von Kohlenstoff- und Sauerstoffkernen zufällig die richtigen sind."[13] An anderer Stelle schreibt er mit Bezug auf die Entdeckung des gesuchten Energieniveaus in Kohlenstoff-12-Kernen: „Nichts hat meinen Atheismus so stark erschüttert wie diese Entdeckung."[14]

## 4. Das starke Anthropische Prinzip

Eine zweite Version des Anthropischen Prinzips geht in ihrer Aussage weit über die des schwachen hinaus. REINHARD BREUER[15] formuliert in seinem Buch „Das anthropische Prinzip" wie folgt:

*Starkes Anthropisches Prinzip*

*Das Universum muss in seinen Gesetzen und in seinem speziellen Aufbau so beschaffen sein, dass es irgendwann unweigerlich einen Beobachter hervorbringt.*

Es wird angenommen, dass der Dreh- und Angelpunkt des Universums die Existenz intelligenter Beobachter ist. Möglich sind nur solche Naturgesetze und Stoffeigenschaften, die intelligentes Leben ermöglichen. Mehr noch, das Universum hat quasi den Auftrag, intelligente Beobachter hervorzubringen.

---

[12]  JOHN GRIBBIN, MARTIN REES: Ein Universum nach Maß. Bedingungen unserer Existenz. Frankfurt a.M., Leipzig: Insel Verlag 1994, S. 246.

[13]  FRED HOYLE: Galaxies, Nuclei and Quasars. London: Heinemann 1965. Zitiert bei: J. GRIBBIN, M. REES, a. a. O, S. 269.

[14]  „Nothing has shaken my atheism as much as this discovery." D. WILKINSON: God, The Big Bang and Stephan Hawking. Monarch Publikations, Tunbridge Wells 1993, P. 108.

[15]  R. BREUER, a. a. O., S. 24.

## 4.1 CARTER – zunächst ein Verfechter des starken Anthropischen Prinzips

BRANDON CARTER nutzte zu einem frühen Zeitpunkt das starke Anthropische Prinzip, um zu erklären, warum z.B. die Gravitation gerade so stark ist, wie wir sie heute beobachten. Wie oben dargelegt, ist das Entstehen intelligenten Lebens nur in einem engen Wertebereich für die Gravitation möglich. Die heute beobachteten Werte mussten sich also einstellen, damit das Universum so beschaffen ist, dass es intelligentes Leben ermöglicht.

Dieser Ansatz enthält eine teleologischen Deutung der Naturgesetze oder er basiert auf der Vorstellung, dass die Feinabstimmung im Universum einem außerweltlich verankerten Plan zuzuschreiben ist.

Später hat CARTER allerdings eher im Sinn des schwachen Anthropischen Prinzips argumentiert.[16]

## 4.2 EWALD – Feinabstimmung im Universum

In Kapitel 3.2. wurden schon einige Beispiele für die erstaunliche Feinabstimmung bei kosmologischen Konstanten aufgeführt. Erst durch sie ist Leben, wie wir es heute vorfinden, möglich. Diese Liste soll hier zunächst durch weitere Beispiele für Feinabstimmungen fortgesetzt werden.

Der dunkle Nachthimmel ist u.a. eine Folge der Expansion des Kosmos.[17] Käme die Expansion zum Stillstand, so würde nicht nur der Nachthimmel hell, sondern die Erde würde sich auf mindestens 6000 K aufheizen, menschliches Leben wäre nicht mehr möglich.

Nach dem Urknall muss es ein kleines Ungleichgewicht im Verhältnis der Anzahl von Quarks und Antiquarks gegeben haben. Nur diesem Ungleichgewicht ist zu verdanken, dass ein Rest von Quarks übrig blieb, aus dem sich unsere Materie und damit Galaxien bilden konnten. Für dieses Ungleichgewicht und die Menge des übriggebliebenen Rests gibt es bisher keine Erklärung.

Von herausragender Bedeutung für die chemischen Voraussetzungen menschlichen Lebens sind die erstaunlichen Eigenschaften von Wassermolekülen und von organischen Verbindungen auf Kohlenstoffbasis. Wasser kann aufgrund seiner elektrischen Dipoleigenschaft viele Stoffe lösen, es kann in Kapillaren meterlange Stränge bilden, es besitzt seine größte Dichte bei 4°C. Wasser kann deshalb eine Schlüsselposition bei der Entstehung von Leben und bei entscheidenden Lebensprozessen einnehmen.

Organische Verbindungen bestehen häufig aus langen Ketten gleicher oder unterschiedlicher Bausteine. Dadurch können quasi in einem Baukastensystem differenzierte Stoffeigenschaften bereitgestellt werden. Dass es Stoffe mit so erstaunlichen Eigenschaften gibt und diese in ausreichender Menge auf der Erde zur Verfügung stehen, gehört zu den vielen Rätseln im Universum.

GÜNTER EWALD schreibt: „Nach dem Starken anthropischen Prinzip ist das alles mit Notwendigkeit so angelegt, dass der Beobachter Mensch zustande kommt, unabhängig davon ob und wie man das religiös deutet. [...] Trotzdem sei noch einmal hervorgehoben, dass man

---

[16] BERNULF KANITSCHEIDER: Das Anthropische Prinzip – ein neues Erklärungsschema der Physik? Phys. Bl. 45 (1989) 12, S. 471-476.

[17] Vgl. den nachfolgenden Beitrag von A. KRABBE: Warum es nachts dunkel ist.

das Starke anthropische Prinzip nicht beweisen kann; es stellt eine sinnvolle, den naturwissenschaftlichen Forschungsergebnissen nicht widersprechende Hypothese dar. Nach meiner Einschätzung ist sie weit besser begründet als konkurrierende Hypothesen."[18]

## 5. Erklärungswert anthropischer Argumente

### 5.1 Von Problemen bei der Anwendung des Anthropischen Prinzips

Wer das starke Anthropische Prinzip als innerwissenschaftliches Erklärungsmuster zulassen will, hat entweder ein Kausalitäts- oder ein Begründungsproblem.

Aufgabe der Naturwissenschaften ist es, Wirkungsketten aufzuzeigen und die zugehörigen Gesetze und Parameter zu finden. Damit ist eine Argumentationsrichtung angegeben. In diesem Sinn kann ein intelligentes Wesen, das zu einem späteren Zeitpunkt erscheint, nicht Ursache für Entwicklungen vor seiner Zeit sein. Das würde die Reihenfolge von Ursache und Wirkung verdrehen. Die Isotropie des Universums z.B. ist eine notwendige Voraussetzung für die Existenz intelligenten Lebens und nicht umgekehrt.

Wird jedoch argumentiert, alle Naturgesetze seien so beschaffen, dass das Universum irgendwann mit Notwendigkeit einen intelligenten Beobachter hervorbringen musste, so ist dies eine nicht überprüfbare Prämisse. Üblicherweise ist die Wissenschaft bestrebt, nur überprüfbare Begründungselemente zu verwenden.

Das Anthropische Prinzip als Selektionsmittel zu gebrauchen, quasi als Hinweisschild auf noch nicht kausal erklärte Wirkzusammenhänge, ist unproblematisch. Anders ist die Lage, wenn es, wie oben dargelegt, im erklärenden Sinn gebraucht wird. Das mag zuweilen nur eine laxe Ausdrucksweise sein, bringt aber spätestens dort außerwissenschaftliche Argumente in die Debatte, wo dem Universum im finalistischen Sinn die Aufgabe übertragen wird, den Menschen hervorzubringen.

### 5.2 Vom heuristischen Wert des Anthropischen Prinzips

Gerade weil die Existenz des Menschen an ein so fein abgestimmtes Netz von kosmologischen Bedingungen gebunden ist,[19] hat das schwache Anthropische Prinzip einen großen heuristischen Wert. Erinnert sei beispielsweise an HOYLES erfolgreiche Vorhersage eines passenden Energieniveaus bei Kohlenstoff-12-Kernen. Aufgabe der Naturwissenschaft bleibt es, nach den zugehörigen Kausalzusammenhängen zu suchen und so aus zufälligen Anfangsbedingungen begründbare zu machen. BERNULF KANITSCHEIDER schreibt: „So, meine

---

[18] GÜNTER EWALD: Die Physik und das Jenseits. In: Materialdienst der EZW 1/97, S. 1-13.

[19] Die Feinabstimmung in unserem Universum muss nicht etwas besonderes sein, so meinen einige Wissenschaftler. Denkbar ist die Existenz einer ungeheuren Anzahl von Universen, in denen sich die Gesetze der Physik jeweils um wenig oder viel von denen unseres Universum unterscheiden. Nur in wenigen oder vielleicht nur einem wären die Bedingungen so, dass es einen intelligenten Beobachter geben kann. Dann wäre die Feinabstimmung eine Losnummer, die irgendwann einmal gezogen werden musste.

ich, kann das Anthropische Prinzip, anstatt selber als Erklärung zu fungieren, eher als Indikator für noch vorhandenes Nichtwissen angesehen werden."[20]

Allerdings wird es keine wissenschaftliche Theorie geben, die ganz ohne Vorgaben auskommt. Je weniger Anfangsbedingungen gesetzt werden müssen, desto größer ist der Erklärungswert einer Theorie. Es macht den besonderen Reiz der allerdings noch recht spekulativen Theorie vom Inflationären Universum aus, dass sie einige Anfangsbedingungen des Standardmodells der Kosmologie herleiten kann. So wird z.B. die Dreidimensionalität des Raums begründbar und eine weitere wichtige Voraussetzung für das Erscheinen intelligenten Lebens, dass das Verhältnis von momentaner Materiedichte und kritischer Dichte im Bereich eins sein muss (vgl. Info 3).

So befriedigend es im Bereich der Naturwissenschaften auch sein mag, die Feinabstimmung im Universum aus nur ganz wenigen Randbedingungen ableiten und damit erklären zu können, so bleibt uns Menschen doch die Frage, ob wir die Feinabstimmung damit wirklich verstanden haben und ob sie damit weniger erstaunlich wird.

## 5.3   *Von der Wechselwirkung zwischen Natur- und Weltbild*

Naturwissenschaftliche Erkenntnisse haben einen erheblichen Einfluss auf das Selbstverständnis von Menschen und ihr Weltbild.

Das Kopernikanische Prinzip[21] hat den Menschen aus dem Zentrum des Universums verdrängt. Es gibt im Universum keinen zentralen Ort mehr. Dies wurde als Abdrängen des Menschen in die Bedeutungslosigkeit empfunden. Das Anthropische Prinzip (in beiden Formen) scheint dem Menschen zumindest im Erkenntnisprozess wieder einen zentralen Ort zuzuweisen. Man kann das schwache Anthropische Prinzip allerdings auch im umgekehrten Sinn deuten: Es macht deutlich, wie stark der Mensch von den kosmologischen Parametern abhängt und damit Teil dieses Kosmos ist.

Umgekehrt beeinflussen außerwissenschaftliche Einsichten durchaus die Theorienbildung in den Naturwissenschaften. Die Trennlinie zwischen Naturwissenschaft und Weltanschauung lässt sich nicht völlig scharf ziehen. Bei der Entstehung naturwissenschaftlicher Theorien stehen immer auch außerwissenschaftliche Vorgaben Pate. Dies lässt sich z.B. gut bei ALBERT EINSTEIN aufzeigen[22]: „Wissenschaft als ein existierender, abgeschlossener [Wissensschatz] ist das objektivste, unpersönlichste [Ding], das die Menschen kennen; [aber] Wissenschaft in der Phase des Entstehens, als Ziel, ist genau so subjektiv und psychologisch

---

[20]   BERNULF KANITSCHEIDER: Kosmologie. Stuttgart: Reclam 1984, S. 280.

[21]   Kopernikanisches Prinzip: 1543 hat NIKOLAUS KOPERNIKUS behauptet, dass die Erde sich nicht im Zentrum des Universums befindet. In unserem Jahrhundert verallgemeinerte HERMANN BONDI diese Aussage und zeigte auf, dass sich die Position eines menschlichen Beobachters prinzipiell von keinem anderen Beobachtungsorte im Universums unterscheidet, wenn man von den lokalen Besonderheiten des Sonnensystems absieht. Beobachtungen des Universums von der Erde aus lassen sich also verallgemeinern.

[22]   Vgl. E. GUTSCHE, P. HAGELE, H. HAFNER: Im Vorfeld wissenschaftlicher Theorien. Vor- und außerwissenschaftliche Motive der Theorienbildung am Beispiel Albert Einsteins, Porta-Studie 14, Marburg: SMD 1991[3].

bedingt wie alle anderen menschlichen Bestrebungen."[23] So kann z.B. der Glaube an einen Schöpfergott, der den Menschen gewollt hat, durchaus in fruchtbarer Weise in den Prozess naturwissenschaftlicher Erkenntnisgewinnung eingehen.

## 5.4 Design-Deutung des Anthropischen Prinzips

Für einige amerikanische Astronomen wie HUGH ROSS und GEORG GREENSTEIN ist die genaue Abstimmung der Naturkonstanten ein Hinweis darauf, dass das Universum nicht nur von Gott geschaffen, sondern auch von Gott so geplant wurde. Es soll den Menschen ermöglichen und ihm eine passende Wohnung bieten: „Ein intelligenter transzendenter Schöpfer muss das Universum gemacht haben. Ein intelligenter transzendenter Schöpfer muss das Universum entworfen haben. Ein intelligenter transzendenter Schöpfer muss das Leben geplant haben."[24]

Das Staunen über die Existenz menschlichen Lebens und über die Feinabstimmung so vieler kosmologischer Faktoren, ohne die es uns nicht gäbe, kann bei einem an Gott glaubenden Menschen fraglos zum Gotteslob und zur Anbetung des Schöpfergottes führen. Die Korrespondenz zwischen biblischen Aussagen über den Schöpfergott, der Himmel und Erde gemacht hat, und dem Erkennen hoch sensibel aufeinander abgestimmter Gesetze und Vorgaben im Universum ist beeindruckend.

Dieses Staunen darf aber nicht mit einem naturwissenschaftlichen Beweis verwechselt werden. Die Vermutung liegt nahe, es solle gezeigt werden, dass der Schöpfer in seinen Werken wie ein physikalisches Gesetz erkennbar sei.

Das Staunen kann allerdings ein vorhandenes Weltverständnis stärken oder ins Wanken bringen. Erinnert sei an den oben zitierten Ausspruch von HOYLE, nichts habe seinen Atheismus so sehr ins Wanken gebracht, wie die Entdeckung des mit Hilfe des Anthropischen Prinzips vorhergesagten Energieniveaus von Kohlenstoff-12-Kernen. Christen können die erkannte Feinabstimmung im Universum als Stärkung ihres Glaubens erfahren, als Hinweis auf den Schöpfergott, der in der Bibel bezeugt wird. Fundament des christlichen Glaubens ist jedoch die Selbstoffenbarung Gottes und nicht naturwissenschaftliche Erkenntnis. Das ist kein Widerspruch dazu, dass mit den Augen des Glaubens gesehen, das Universum durchaus die Handschrift des Schöpfers erkennen lässt.

---

[23]  Zitiert nach GERALD HOLTON: Themata. Zur Ideengeschichte der Physik. Braunschweig: Vieweg 1984, S. 1.

[24]  „An intelligent, transcendent Creator must have brought the univers into existence. An intelligent, transcendent Creator must have designed the univers. An intelligent, transcendent Creator must have designed live." HUGH ROSS: Design and the Anthropic Principle. http://www.reasons.org/reasons/papers/paper8.html, Dez. 1996.

## Anhang

Info 1:    *Dimensionslose Konstanten, die in der Kosmologie eine wichtige Rolle spielen*

*1. Massenverhältnis zwischen Proton und Elektron*

$$\frac{m_p}{m_e} = 1836{,}2$$

*2. SOMMERFELD'sche Feinstrukturkonstante $\alpha$*

Sie gibt an, wie intensiv Elektronen mit dem elektromagnetisches Feld ge-koppelt sind.

$$\alpha = \frac{W_{pot}}{W_e} = \frac{1}{4\pi\varepsilon_0} \cdot \frac{e^2}{\hbar c}$$

$$= \frac{1}{137}$$

$W_{pot}$: Potentielle Energie zweier Elektronen im Abstand einer Comptonwellenlänge $\lambda_c$

$$W_{pot} = \frac{1}{4\pi\varepsilon_0} \cdot \frac{e^2}{\lambda_c} \quad mit \quad \lambda_c = \frac{\hbar}{m_e c}$$

$W_e$: Ruhenergie eines Elektrons

$$W_e = m_e c^2$$

*3. Gravitationsfeinstrukturkonstante*

Sie gibt an, wie intensiv Protonen mit dem Gravitationsfeld gekoppelt sind.

$$\alpha = \frac{W_{pot}}{Wp} = \frac{G^* m_p^2}{\hbar c}$$

$$= 0{,}591 \cdot 10^{-40}$$

$W_{pot}$: Potentielle Energie eines Protons im Abstand $\lambda_p$ von einem zweiten Proton

$$W_{pot} = G^* \cdot \frac{m_p^2}{\lambda_p} \quad mit \quad \lambda_p = \frac{\hbar}{m_p c}$$

$W_p$: Ruhenergie eines Protons

$$W_p = m_p c^2$$

## 4. Feinstrukturkonstante der schwachen Wechselwirkung

Sie gibt an, wie intensiv Leptonen (Elektronen, Neutrinos ...) über die schwache Wechselwirkung gekoppelt sind.

$$\alpha_w = \frac{m_e^2 c}{\hbar^3} \cdot G_F = 3{,}05 \cdot 10^{-12}$$

## 5. Feinstrukturkonstante der starken Wechselwirkung

Sie gibt an, wie stark Quarks über die starke Wechselwirkung gekoppelt sind.

$$\alpha_s \approx 0{,}08 - 14$$

Anmerkung:
Wechselwirkungskonstanten variieren mit der Teilchenenergie. Eine starke Abhängigkeit findet man bei der starken Wechselwirkung.

### Bedeutung der Symbole:

Ruhmasse eines Elektrons: $\qquad\qquad m_e = 9{,}1093897 \cdot 10^{-31}\,kg$

Ruhmasse eines Protons: $\qquad\qquad m_p = 1{,}6726231 \cdot 10^{-27}\,kg$

Lichtgeschwindigkeit im Vakuum: $\qquad c_0 = 299792458\,\dfrac{m}{s}$

Gravitationskonstante: $\qquad\qquad\quad G^* = 6{,}67259 \cdot 10^{-11}\,\dfrac{m^3}{kg \cdot s^2}$

Plancksches Wirkungsquantum: $\qquad h = 6{,}6260755 \cdot 10^{-34}\,Js$

$$\hbar = \frac{h}{2\pi} = 1{,}05457266 \cdot 10^{-34}\,Js$$

elektrische Feldkonstante: $\qquad\qquad \varepsilon_0 = 8{,}854187817 \cdot 10^{-12}\,\dfrac{F}{m}$

Fermi-Kopplungskonstante: $\qquad\quad G_F = 1{,}435 \cdot 10^{-62}\,Jm^3$

*Info 2:* DIRACS *Zahlenrätsel*

*Eddington-Zahl:* $N = 10^{80}$

Die folgenden Zahlen $N_n$ lassen sich als Potenzen von $N$ schreiben:

$N_n = N^z$ mit $z = 0, 1, \frac{1}{2}, \frac{1}{4}$ und $\frac{1}{8}$.

Ist dies Zufall oder hat es eine Bedeutung?

DIRAC war der Meinung, die Zahlenverhältnisse seien zeitunabhängig.

(Dirac gibt als Bezugszahl $N = 10^{39}$ an. Dies macht keinen Unterschied, da es nur um grobe Abschätzungen geht.)

| | | |
|---|---|---|
| Ruhenergie eines Protons ausgedrückt in Vielfachen des Gravitationspotentials eines Protons im Abstand $\lambda_p$ (Comptonwellenlänge des Protons) von einem zweiten Proton | $N_1 = \dfrac{1}{\alpha_G} \approx 1{,}7 \cdot 10^{40}$ | $N_1 \approx N^{\frac{1}{2}}$ |
| Hubble-Alter des Universums, ausgedrückt in einer atomaren Zeiteinheit | $N_2 = \dfrac{t_0}{t_e} \approx 6 \cdot 10^{40}$ | $N_2 \approx N^{\frac{1}{2}}$ |
| Verhältnis von elektrischer Kraft und Gravitation (Anziehung von Proton und Elektron) | $N_3 = \dfrac{F_e}{F_g} \approx 0{,}23 \cdot 10^{40}$ | $N_3 \approx N^{\frac{1}{2}}$ |
| Anzahl der im beobachtbaren Universum vorhandenen schweren Teilchen (z.B. Protonen und Neutronen) | $N_4 \approx 10^{80}$ | $N_4 \approx N^1$ |
| Kosmisches Energiepotential eines Teilchens ausgedrückt in Vielfachen seiner Ruhenergie (Gravitationsradius des Universums) | $N_5 = \dfrac{W_{pot}}{W_0} \approx 1$ | $N_5 \approx N^0$ |
| Länge eines Elektrons ausgedrückt in Vielfachen der Planckschen Länge | $N_6 = \dfrac{l_e}{l_p} \approx 10^{20}$ | $N_6 \approx N^{\frac{1}{4}}$ |
| Verhältnis von Photonen und Baryonen (Teilchen mit starker Wechselwirkung, die einen halbzahligen Spin besitzen) | $N_7 = \dfrac{N_{Ph}}{N_B} \approx 10^{10}$ | $N_7 \approx N^{\frac{1}{8}}$ |

## Bedeutung der Symbole und Anmerkungen

*Hier nicht erklärte Symbole sind in Info 1 zu finden.*

| | | |
|---|---|---|
| $\alpha_G$ | Sommerfeldsche Feinstrukturkonstante | $\alpha_G = 0{,}591 \cdot 10^{-40}$ |
| $H_0$ | Hubble-Konstante (Der Wert der Hubble-Konstanten ist bis heute strittig.) | $H_0 = (50 \pm 7) \dfrac{km}{sMpc} = 1{,}62 \cdot 10^{-18} \dfrac{1}{s}$ |

$$1 Mpc = 3{,}26 \cdot 10^6\, Lj = 3{,}08 \cdot 10^{22}\, m$$

Neueste Messungen machen einen Wert zwischen 55 und 90 $\dfrac{km}{s \cdot Mpc}$ für H0 plausibel.[25]

| | | |
|---|---|---|
| $t_0$ | Hubble-Alter des Universums | $t_0 = \dfrac{1}{H_0} \approx 19{,}5 \cdot 10^9\, a \approx 6 \cdot 10^{17}\, s$ |
| $t_e$ | Zeit, in der das Licht die Strecke eines klassischen Elektronenradius $l_e$ zurücklegt | $t_e = \dfrac{1}{4\pi\varepsilon_0} \cdot \dfrac{e^2}{m_e c^3} = 9{,}4 \cdot 10^{-24}\, s$ |
| $l_e$ | Klassischer Elektronenradius (Abstand, in dem das elektrische Energiepotential eines Elektrons im Feld eines zweiten Elektrons so groß ist wie die Ruhenergie eines Elektrons) | $l_e = \dfrac{1}{4\pi\varepsilon_0} \cdot \dfrac{e^2}{m_e c^2} = 2{,}82 \cdot 10^{-15}\, m$ |
| $F_e$ | Elektrische Kraft zwischen einem Proton und einem Elektron mit dem Abstand r | $F_e = \dfrac{1}{4\pi\varepsilon_0} \cdot \dfrac{e^2}{r^2}$ |
| $F_g$ | Gravitationskraft zwischen einem Proton und einem Elektron mit dem Abstand r | $F_g = G^* \cdot \dfrac{m_e \cdot m_p}{r^2}$ |
| $W_{pot}$ | Gravitationspotential eines Teilchens im Universum | $W_{pot} \approx \dfrac{G^* \rho V m}{R_0}$, $\rho \approx 5 \cdot 10^{-27} \dfrac{kg}{m^3}$ |

$$R_0 \approx c \cdot t_0 \approx 2 \cdot 10^{26}\, m$$

$$V \approx 3 \cdot 10^{79}\, m^3$$

| | | |
|---|---|---|
| $W_0$ | Ruhenergie dieses Teilchens | $W_0 = m \cdot c^2$ |

---

[25] GERHARD BÖRNER: Ist das kosmologische Standardmodell in Gefahr? In: Physik unserer Zeit, 28. Jahrg. 1/97.

| $l_p$ | Planck-Länge (Es wird vermutet, dass spätestens bei Längen in der Größenordnung von $l_p$ eine Quantentheorie der Gravitation angewendet werden muss.) | $l_p = \sqrt{\dfrac{G^* \hbar}{c^3}} = 1{,}6 \cdot 10^{-35}\,m$ |
|---|---|---|
| $N_{Ph}$ | Zahl der Photonen im Universum | $N_{Ph} \approx 10^{90}$ |
| $N_B$ | Zahl der Baryonen im Universum | $N_B \approx 10^{80}$ |

---

**Info 3:** *Expansion des Universums*

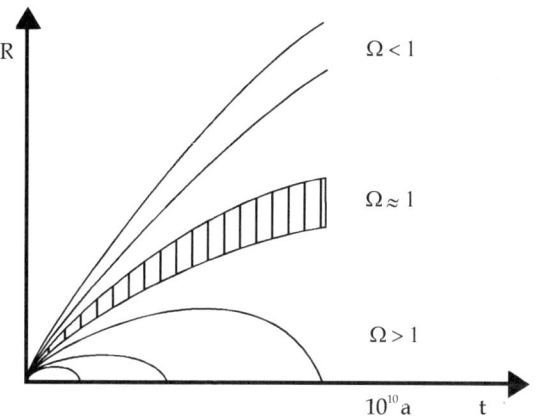

Die Expansion des Universums lässt sich durch einen einzigen zeitabhängigen Skalenfaktor R(t) (R in willkürlichen Einheiten, t: Weltzeit) beschreiben. Je nach dem Verhältnis der heute vorhandenen Materiedichte $\rho$ und der kritischen Dichte $\rho_{krit}$ ( $\rho_{krit} = 5{,}0 \cdot 10^{-30}\,\dfrac{g}{cm^3}$ ) kann sich die gravitative Anziehung gegen die Galaxienflucht durchsetzen oder nicht und entsprechend ein Umbiegen zu einer nachfolgenden Kontraktionsphase bewirken oder nicht. Angegeben ist das Verhältnis $\Omega = \dfrac{\rho}{\rho_{krit}}$ . Günstig für die Entwicklung intelligenten Lebens sind Werte im Bereich 1 für $\Omega$ (schraffierte Fläche).

*Alfred Krabbe*

# *Warum es nachts dunkel ist*

## *1. Einleitung*

Warum ist es nachts dunkel? Diese Frage erscheint auf den ersten Blick einfach, ja trivial. Ist das überhaupt eine Frage, die dem Niveau des gebildeten Menschen entspricht? Gehört nicht die Nachtdunkelheit zu den Grunderfahrungen des Menschen wie der Sonnenschein oder der Wechsel der Jahreszeiten? Betrifft die Frage nicht vielmehr Kindersorgen, und haben wir deshalb nicht schon früh einfache befriedigende Antworten erhalten? Es wird eben nachts dunkel, weil die Sonne untergeht und die Sterne, selber Sonnen, aber in großer Entfernung, nur schwach leuchten. Diese Antwort leuchtet im buchstäblichen Sinne ein und damit ist für fast alle Menschen die Frage erledigt.

Es bedurfte schon des Genies eines JOHANNES KEPLER (1571-1630), um zu erkennen, dass der Nachtdunkelheit kosmologische Bedeutung zukommt. Wenn man in einem genügend großen Wald steht und in Richtung auf den Horizont schaut, so wird der Blick stets auf einen Baum fallen und der Horizont selbst unbeobachtbar bleiben. Denkt man sich nun die Bäume durch Sonnen ersetzt, so dürfte man bei einem genügend großen Weltall ebenso den Hintergrund nicht sehen. Irgendwann würde der Sehstrahl unweigerlich auf einer hellen Sternoberfläche enden. Die Konsequenz wäre ein taghelles Weltall. Warum ist es aber trotz der vielleicht unendlichen Anzahl der Sterne nachts dunkel? Was stimmt bei der Waldanalogie nicht? So einfach die Eingangsfrage auch scheinen mag, wir werden sehen, dass die Antwort doch die tiefsten kosmologischen Erkenntnisse unserer Zeit berührt.

Aber nicht nur das. Auch die Geschichte der Frage nach der Nachtdunkelheit offenbart Ungereimtheiten. Den Namen, unter dem das Problem allgemein bekannt wurde, verdanken wir HERMANN BONDI. Er bezeichnet es im Jahre 1952 in seinem Buch „Cosmology" als *OLBERS' paradox*. Nun gehörte der Arzt und Astronom HEINRICH OLBERS (1758-1840) zwar zu denen, die das Paradoxon formuliert und

Lösungen vorgeschlagen haben, aber schon lange vor ihm versuchten sich andere daran. Neben dem schon erwähnten JOHANNES KEPLER (1571-1630) zum Beispiel EDMUND HALLEY (1665-1742) und JEAN PHILIPPE LOYS DE CHÉSEAUX (1718-1751). G. VOLLMER (1991) nennt diese Erscheinung deshalb auch ein Beispiel für den nullten Hauptsatz der Wissenschaftsgeschichte: *Ein Satz (oder Effekt), der den Namen einer Person trägt, stammt von einer anderen.* STANLEY JAKI spricht in diesem Zusammenhang sogar vom *Paradoxon des OLBERS'schen Paradoxons.*

Im allgemeinen wird die Wissenschaft durch offensichtliche Widersprüche herausgefordert und zugleich vorangetrieben. So auch hier. Im Falle der Nachtdunkelheit stehen wir allerdings vor einer bemerkenswerten Erscheinung. Während der vergangenen Jahrhunderte wurde regelmäßig die jeweils aktuelle Auflösung binnen kurzem widerlegt und durch eine „nunmehr wirklich zutreffende" Erklärung ersetzt. Die neueste „endgültige" Erklärung des OLBERS'schen Paradoxon ist Mitte der 70er Jahre entdeckt worden. Es scheint fast so, dass jede Zeit ihre eigene Formulierung für die Lösung des Paradoxons fand, basierend auf den jeweils vorherrschenden kosmologischen Hypothesen.

## 2. Historische Betrachtung

Um zu verstehen, welche Fragen KEPLER bewegten, blenden wir kurz zurück. Vor dem 15. Jahrhundert herrschte allgemein die Ansicht vor, das Weltall sei, wie von PTOLEMAIOS gelehrt, geozentrisch geordnet. Darüber hinaus besitze es einen Rand, einer äußeren Schale gleich, an den die Sterne geheftet seien. In diesem Modell gibt es nur endlich viele Sterne und die Nachtdunkelheit folgt ganz natürlich aus dem Modell. Zu den wenigen, die über dies Modell hinaus zu denken versuchten, gehört der römische Dichter LUKREZ (um 70 vor Christus). In seinem Gedicht „De rerum natura", „Über die Natur", geht er der Frage nach, was denn einem Pfeil passiere, der die Grenze des Weltalls erreichte. Sein Nachdenken gipfelt in für die damalige Zeit sicher unerhörte Aussagen: Das All sei unendlich und enthalte insel-artige Welten.

Die Situation ändert sich erst mit dem Ausgang des Mittelalters. NIKOLAUS KOPERNIKUS (1473–1543) schließt aus der Unmessbarkeit der Fixsternparallaxen[1], dass die Sterne, und damit der Rand des Weltalls, sehr viel weiter entfernt seien, als bis dahin angenommen, und er schiebt die Grenzen der Kugelschale weit hinaus. GIORDANO BRUNO (1548–1600) stellt den Begriff der räumlichen Grenze überhaupt in Frage. Er stützt sich dabei auf LUKREZ, dessen schon erwähntes Gedicht

---

[1] Betrachtet man abwechselnd mit jedem Auge ein nahes Objekt (Baum) vor einem Hintergrund (Horizont), so bemerkt man eine Verschiebung (Parallaxe) des Objektes vor dem Hintergrund. Auch Fixsterne zeigen eine Parallaxe, falls als Basislinie nicht der Augenabstand, sondern der Durchmesser der Erdumlaufbahn um die Sonne benutzt wird. Wegen ihrer Geringfügigkeit kann sie nur mit Teleskopen und auch nur für nahe Sterne bestimmt werden.

erst 1417 wieder aufgefunden worden war. Seine Frage lautet: Was ist hinter dem Rand, das kein Raum sondern das Nichts ist? Was geschieht mit dem Pfeil, der den Rand des Weltalls durchbohrt? BRUNO löst das Problem, indem er die Existenz des Randes negiert und dafür einen unendlichen homogenen Raum postuliert. Dieser Raum sei gleichmäßig mit Materie gefüllt und beherberge zahllose Welten mit Sonnen und Planeten. Hier haben wir also wieder fast genau die LUKREZ'sche Ansicht. Etwa um die gleiche Zeit geht THOMAS DIGGES (1546–1595) in England den gleichen Schritt, indem er KOPERNIKUS´ Modell und die LUKREZ´schen Gedanken aufgreift und ebenso statt eines großen ein unendlich großes Weltall postuliert.

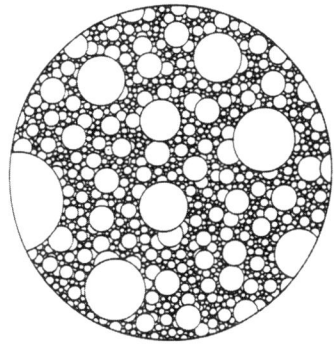

*Abb.1: Ein Wald von Sternen.*
*Reproduktion aus E.R. HARRISON (1977)*

Der Blick in die Geschichte lehrt also, dass es vor allem philosophische Gründe waren, die zur Propagierung der Idee des unendlich großen Weltalls führten. Die Konsequenzen waren, wie schon bei der Einführung des kopernikanischen Weltmodells, revolutionär: Die Erde wurde nicht nur aus dem Mittelpunkt des Kosmos gerückt, sondern nun auch noch zu einem unbedeutenden Punkt in der unendlichen nachtschwarzen Leere degradiert. Solche Vorstellungen wirkten auf die Zeitgenossen geradezu erschütternd, wie ein Satz von BLAISE PASCAL (1623–1662) illustriert: *Das Schweigen der Ewigkeit und der unendliche Raum erschrecken mich.*

Auch KEPLER lehnt die Vorstellung eines unendlichen Raumes ab. In seinem Bemühen, die Überzeugung von der Existenz eines unendlich großen Weltalls zu widerlegen, findet KEPLER ein Argument, das viele andere nach ihm bis heute beschäftigt und das auf die kosmologischen Hypothesen der vergangenen drei Jahrhunderte nachwirkte. Eines Tages bekommt er ein von GALILEI herausgegebenes Heftchen mit dem Titel „Die Sternenbotschaft" in die Hände, in dem dieser die Existenz des unendlichen Raums verteidigt. KEPLER erkennt bald, dass sich das

Modell eines unendlich großen Weltalls mit unendlich vielen Sternen nicht mit der beobachteten Dunkelheit bei Nacht verträgt. In seinem Antwortschreiben an GALI-LEI heißt es: *Wenn die kleinen* (scheinbar, der Verf.) *Scheiben von 10000 Sternen zu einer einzigen vereinigt würden, um wie viel würde ihre Größe die scheinbare Son-nenscheibe übertreffen? Wenn dies wahr ist, und wenn sie* (die Fixsterne, der Verf.) *Sonnen sind, die die gleiche Natur wie unsere eigene Sonne haben, warum über-treffen dann diese Sonnen nicht kollektiv unsere Sonne weit an Helligkeit?* Nun ging KEPLER zweifellos von einem nach heutiger Kenntnis viel zu großen scheinba-ren Durchmesser der Fixsterne aus, aber sein Argument bleibt dennoch gültig. Falls das Weltall unendlich groß wäre, müsste der Sternenhimmel taghell sein.

## 3. Der helle Nachthimmel

Um die Nachthimmelshelligkeit abschätzen zu können, wollen wir kosmologische Hypothesen zusammenstellen, die in den vergangenen Jahrhunderten von Belang waren. Sie sind in Tabelle 1 zusammengefasst (nach G. VOLLMER 1991). Aus die-sen Hypothesen folgt sofort, dass der Nachthimmel taghell sein muss. Denn ein räumlich ebenes (6) unendliches Universum (1), das gleichmäßig mit Sternen be-setzt ist (5), in dem überall und immer die physikalischen Gesetze gelten (8) und in dem sich das Licht unendlich schnell ausbreitet (9), ist eine direkte Entsprechung der Situation des Beobachters im Wald, der auf den Horizont blickt. Dabei sieht man von der Reduktion um eine Dimension ab, die der Übergang von einer Kugel-schale des Weltalls zu der Erdoberfläche bedeutet. Das Ergebnis ist ein Wald von Sternen wie er in Abb. 1 skizziert ist. Für eine quantitative Ableitung sei auf den Anhang verwiesen.

Nun bedarf es keiner großen Kunst, um zu bemerken, dass hier irgend etwas nicht stimmen kann. Ein Blick in den nächtlichen Sternenhimmel überzeugt uns, dass eine oder mehrere der Hypothesen in Tabelle 1 falsch sein müssen. Aber welche? Hier stoßen wir auf eine grundsätzliche Schwierigkeit. In die Folgerung des hellen Nachthimmels sind mehrere Hypothesen eingegangen. Wir benötigen ein Verfah-ren, mit dem es gelingt, die falschen Annahmen als falsch zu erkennen und zu kor-rigieren und gleichzeitig die richtigen beizubehalten. Solch ein Verfahren gibt es jedoch nicht. Die These von DUHEM-QUINE geht sogar darüber hinaus indem sie behauptet, eine *systematische* Suche nach den falschen Hypothesen in einem theo-retischen System sei grundsätzlich unmöglich und deshalb könne man beliebige Teile des Systems aufrechterhalten. Wir müssen uns deshalb mit zwei anderen Wegen bescheiden:

1. Neue Beobachtungen können vielleicht einzelne Hypothesen korrigieren;

2. Aus allen oder weniger Hypothesen lassen sich unter Umständen andere, empi-risch nachprüfbare Folgerungen gewinnen, die einzelne Hypothesen eher un-

wahrscheinlich erscheinen lassen und die Postulierung neuer Hypothesen erfordern.

Beide Wege gemeinsam münden nun nicht in ein abgeschlossenes System richtiger und zuverlässiger Hypothesen, das als Grundlage für alles Weitere dienen könnten. Sie führen vielmehr zu einem System immer besser begründbarer Hypothesen, die mit der jeweils wissenschaftlich erschlossenen Wirklichkeit verträglich sind. Dieser Prozess der fortschreitenden Korrektur ist typisch für eine empirische Wissenschaft. Ihm haftet zweifellos eine gewisse Vorläufigkeit an. Aber in genau diesem Spannungsfeld bewegt sich die naturwissenschaftliche Forschung stets.

### Tabelle 1: Historische kosmologische Hypothesen

| Kosmologische Hypothesen | Bemerkungen |
|---|---|
| 1. Das Weltall ist räumlich unendlich. | LUKREZ, DIGGES 1576, GIORDANO BRUNO 1600, WILLIAM GILBERT 1600, NEWTON 1700; ENDLICH: ARISTOTELES, PTOLEMAIOS, KOPERNIKUS 1542, KEPLER 1610 und andere. |
| 2. Das Weltall hat ein endliches Alter. | Bibel, viele Religionen. |
| 3. Die mittlere Sterndichte ist zeitlich konstant. | Falls (2.) gilt, nur für eine gewisse Zeitspanne richtig. Falls das Weltall unendlich alt ist, können Sterne unendlich alt sein. Sie können auch endlich alt sein, falls die ausgebrannten Sterne verschwinden und durch neue ersetzt werden. |
| 4. Der Raum zwischen den Sternen ist leer. | Konnte behauptet oder bestritten werden. |
| 5. Das Weltall ist homogen und isotrop (d.h. alle Punkte und Richtungen sind gleichberechtigt). | Kosmologisches Prinzip, an dem man aus Einfachheitsgründen festhält, solange nichts dagegen spricht. Konsequenz: Das Weltall ist gleichmäßig mit Sternen besetzt. |
| 6. Der physikalische Raum ist euklidisch und damit unendlich. | Ähnlich wie (1.) Anwendung nichteuklidischer Geo-metrien wird nach 1850 erwogen (RIEMANN, CLIFFORD, ZÖLLNER), ist aber erst nach 1917 (EINSTEIN) erfolgreich. |
| 7. Das Weltall ist statisch. | Allgemeingut bis zum 20. Jahrhundert. Expansion durch DE SITTER 1917, WIRTZ 1922, FRIEDMANN 1924, LEMAITRE 1927, ROBERTSON 1928 erwogen und 1929 durch HUBBLE's Messungen bestätigt. |
| 8. Die physikalischen Gesetze gelten universell und sind nicht zeitabhängig. | Verallgemeinerung von (5.) auf Naturgesetze. Bis heute nicht ernsthaft in Frage gestellt. |
| 9. Das Licht breitet sich unendlich schnell aus. | Allgemeingut, bis OLAF RÖMER 1676 Messungen an den Jupitermonden vornahm. Seine Ergebnisse werden zunächst angezweifelt, bis BRADLEY 1728 die Abberationsmessungen durchführte. |

## 4. Historische Erklärungsversuche

Viele Wissenschaftler, die sich mit der Frage des dunklen Nachthimmels beschäftigten, haben versucht, jeweils eine oder mehrere Hypothesen in Tabelle 1 durch neue zu ersetzen, um so den Widerspruch auszuräumen. In Tabelle 2 (nach VOLL-MER 1991) sind einige dieser Lösungsvorschläge aus der Geschichte zusammengestellt und aus heutiger Sicht kommentiert. Die dritte Spalte gibt an, welche der Hypothesen in Tabelle 1 jeweils verneint wurden. Alle diese Vorschläge konnten in ihrer Zeit die Widersprüche in der Erklärung der Nachtdunkelheit zunächst in der Tat beseitigen. Mit dem Fortschreiten der Beobachtungstechnik und der Naturerkenntnis jedoch musste jeder dieser Vorschläge schon bald revidiert werden, einige dieser Hypothesen aus rein physikalischen Gründen, andere eher aus philosophischen. Die Vorschläge 3 und 4 in Tabelle 2 zum Beispiel verletzen beide den Energiesatz. Der Energiesatz fand allerdings erst um 1850 Anerkennung und OL-BERS konnte ihn daher noch nicht kennen. Der Lösungsvorschlag, interstellare Materie könne das Licht ferner Sterne absorbieren, wird dann auch erst 1848 von JOHN HERSCHEL widerlegt.

Das Modell eines hierarchisch aufgebauten Universums ist dagegen nicht einfach physikalisch abzutun. Dieses Modell nimmt an, jedes System, ob Stern, Sternhaufen, Spiralarm, Galaxie oder Galaxienhaufen, ist Teil eines größeren Supersystems. Die durchschnittliche Dichte der Sterne nimmt beim Aufstieg zu größeren Systemen immer mehr ab und geht sogar gegen Null. Zurückgehend auf JOHANN HEINRICH LAMBERT und wieder aufgegriffen und verfeinert von CARL CARLIER vermag dieses Modell das OLBERS'sche Paradoxon in der Tat zu lösen. Es steht auch nicht im direkten Widerspruch zu empirischen Tatsachen. Allerdings verneint es das kosmologische Prinzip, das die Gleichberechtigung aller Orte und Richtungen im Weltall fordert (Tabelle 1). Es weist unserer Galaxie und damit der Sonne einen ausgezeichneten Ort zu, von dem ausgehend sich das Universum kugelsymmetrisch in immer größere Strukturen ordnet. Daneben fordert dieses Modell eine lokale Erklärung für die weitgehende Isotropie der 3K Strahlung, denn in einem hierarchischen Universum wäre die 3K Strahlung nur für einen Beobachter auf der Erde wirklich isotrop verteilt.

Nur wenige Wissenschaftler haben bis heute das Modell eines hierarchischen Universums ohne deutlichere empirische Hinweise für erwägenswert gehalten. Dahinter mögen auch Eindrücke der verheerenden Wirkung stehen, die von dem mittelalterlichen kirchlichen Dogma ausgingen, welches eben diese hierarchische Struktur ohne Duldung von Widerspruch forderte. Es gibt in der Kosmologie bis in die Gegenwart hinein Beispiele für konkurrierende Modelle, deren Erklärungswert überwiegend aus philosophisch begründeten Vorgaben wie Symmetrie und Einfachheit oder aus religiösen Überzeugungen abgeleitet wird. Jedenfalls, solange keine zwingenden empirischen Tatsachen vorliegen. Man denke zum Beispiel an die Kontroverse zwischen den Anhängern des gängigen Urknall-Modells und denen des alternativen Steady-State-Modells von F. HOYLE UND G. BURBIDGE. Ein Aspekt dieser Kontroverse besteht in der Forderung des Steady-State-Modells nach fortschreitender Materieentstehung aus dem Nichts an vielen Orten im Universum. Dies ist für viele Wissenschaftler eine unakzeptable Hypothese.

Nachdem nun schon so viele Lösungsversuche widerlegt wurden, ist sicher die Frage erlaubt, wie weit die aktuelle Erklärung tragen wird. Alle Autoren der vergangenen drei Jahrhunderte waren ja überzeugt, das Problem endgültig gelöst zu haben. Kann man deshalb erwarten, dass heutige Autoren aus dieser Erwartung lernen und einen vorsichtigeren Ton anschlagen? Keineswegs! EDWARD ROBERT HARRISON ist fest davon überzeugt, nach jahrhundertelangen Fehldeutungen (*they were all wrong*) endlich 1974 die richtige Lösung (*the correct resolution*) gefunden zu haben. Die überwiegende Zahl der Wissenschaftler pflichtet ihm bei. Hier stoßen wir auf ein Phänomen, das in der Wissenschaftsgeschichte ebenfalls eine Tradition hat: Vorläufigkeiten und Unsicherheiten, die einem physikalischen Hypothesengebäude wesensgemäß anhaften (siehe Abschnitt 3), fallen im wissenschaftlichen Alltag mehr oder weniger unter den Tisch. Sobald eine widerspruchsfreie, ästhetische Erklärung präsentiert wird, neigt man dazu, sie zu glauben, insbesondere, wenn man selbst ihr Urheber ist. Vermutlich entspricht es einem Wesenszug des Menschen, dass er in Erklärungen auch Sicherheiten sucht.

Aber streuen wir nicht zuviel Zweifel aus: Die moderne Erklärung von HARRISON ist mit großer Wahrscheinlichkeit auch die zutreffende. Darüber hinaus ist sie überraschend schlicht. Deshalb sollten wir sie näher betrachten.

## 5. *Moderne Erklärung*

Um die heute gültige Erklärung der Nachtdunkelheit von HARRISON zu verstehen, betrachten wir die Waldanalogie. Wir überlegen uns, wie weit ein Beobachter in einen Wald hineinschauen kann, bevor sein Blick auf einen Baum trifft. Sind die Baumstämme dünn, wird er weiter schauen können, als wenn er es mit dicken Stämmen zu tun hat. Ebenso spielt auch der mittlere Abstand der Stämme (ihre Flächendichte) eine Rolle: in einen lichten Wald wird er weiter hineinschauen können, als wenn die Stämme dicht an dicht stehen. Die mittlere Sichtbarkeitsgrenze hängt also vom Durchmesser der Baumstämme und ihrer Flächendichte ab. Genauso ist es im Weltall. Dort ist die Sichtbarkeitsgrenze die Entfernung, bis zu der man im Mittel schauen kann, bevor der Blick auf eine Sternoberfläche trifft. Sie hängt vom Durchmesser der Sterne und ihrer räumlichen Dichte ab. Die Sichtbarkeitsgrenze in unserem Universum kann man berechnen (siehe Info) und das Ergebnis ist: $r_s = 10^{23}$ Lichtjahre.

Was bedeutet dieser Wert? Er bedeutet, dass wir im Mittel $10^{23}$ Lichtjahre weit schauen können, bevor unser Blick auf eine Sternoberfläche fällt. Unser Nachthimmel wäre hell, wenn wir etwa $10^{23}$ Lichtjahre tief in das Weltall hineinschauen könnten. Können wir denn nicht? Nein! Wir können nur etwa $2 \cdot 10^{10}$ Lichtjahre tief in das Weltall hineinschauen. Diese beiden Strecken verhalten sich wie 1/100 mm zur Entfernung des Mondes von der Erde. Der Grund für unsere Unfähigkeit, weiter zu schauen, liegt in der Endlichkeit der Lichtgeschwindigkeit und dem noch jungen Alter des Universums von maximal $2 \cdot 10^{10}$ Jahren. Innerhalb dieser Zeitspanne kann das Licht nur eine Strecke von $2 \cdot 10^{10}$ Lichtjahren zurücklegen, viel zu kurz, als dass uns schon das Licht aus dem Bereich der Sichtbarkeitsgrenze erreicht haben könnte. Wir überblicken also gerade einmal ein winziges Raumvolumen. Wir müssen noch fast $10^{23}$ Jahre warten, bis wir so viele Sterne sehen können, dass der Himmelshintergrund zu 63% (siehe Info) abgedeckt ist und wir die Sterne von der Sichtbarkeitsgrenze auch tatsächlich sehen können. Es braucht eben Zeit, bis das kumulierte Licht genügend vieler Kugelschalen wahrnehmbar wird.

Dabei ist dieser große Wert noch überaus optimistisch abgeschätzt. Für die Rechnung haben wir angenommen, dass alle Materie des Weltalls in leuchtende Sterne hineingepackt sei. In Wirklichkeit machen die leuchtenden Sterne nur einen Bruchteil der beobachtbaren Materie aus, und die Sichtbarkeitsgrenze liegt noch ferner. Wäre die Materiedichte im Weltall um einen Faktor $10^{13}$ bis $10^{14}$ höher als jetzt, ständen die Sterne viel dichter zusammen ($\leq 1$ Lichtmonat) und die Sichtbarkeitsgrenze wäre schon jetzt beobachtbar. Zum Glück für uns ist sie es noch nicht...

Nach dem bisher Gesagten nähme die Himmelshelligkeit – wenn auch nicht innerhalb kurzer Zeit, so doch im Laufe der Jahrmillionen – stetig bis zu gleißender Helle zu. Aber auch das wird nicht der Fall sein und zwar aus folgendem Grund: Die Sterne in unserer Nachbarschaft müssten wenigstens $10^{23}$ Jahre lang leuchten, damit sich das Sternenlicht aus vielen Kugelschalen zu einem hellen Himmel addieren kann. Nun leben aber Sterne wegen ihres begrenzten Brennstoffvorrates nur maximal $10^{10}$ Jahre. Bevor sich das Licht aus den fernen Kugelschalen mit dem aus unserer Nähe zu einem hellen Leuchten vereinen kann, ist das Sternenfeuer in unserer näheren und weiterer Umgebung schon lange verloschen. Die endliche Lebensdauer der Sterne begrenzt die mittlere Himmelshelligkeit auf einen maximalen Wert, der größenordnungsmäßig dem der jetzigen Helligkeit entspricht.

## Tabelle 2: Historische Erklärungsversuche der Nachtdunkelheit

| | Lösungsvorschlag | Forscher | Zweifel an Tab. 1 | Bemerkungen |
|---|---|---|---|---|
| 1. | Das Weltall ist endlich. | KEPLER 1610 | 1 | Auch ein endliches Weltall kann einen hellen Nachthimmel bieten. |
| 2. | Ferne Sterne senden zuwenig Licht und sind daher unsichtbar. | HALLEY 1720 | | Hier irrt HALLEY. Die Flächenhelligkeit[1] ist von der Entfernung unabhängig. |
| 3. | Interstellare Materie absorbiert das Licht ferner Sterne. | CHÉSEAUX 1744, OLBERS 1823 | 4 | Ebenfalls ein Irrtum. Die Sterne heizen die interstellare Materie solange auf, bis sie taghell leuchtet. |
| 4. | Das Licht ferner Sterne überlagert sich im leeren Raum wechselseitig und schwächt sich dadurch. | OLBERS 1823 | | Ausschließlich destruktive Interferenz gibt es aus Energieerhaltungsgründen nicht. |
| 5. | Das Weltall ist nicht euklidisch sondern sphärisch[2]. Es ist endlich und enthält endlich viele Sterne. | ZÖLLNER 1872 | 6, 1 | In einem solchen Universum können die Lichtstrahlen das Universum auch mehrmals um-kreisen, bis sie schließlich doch das Auge treffen. |
| 6. | Das Universum ist hierarchisch aufgebaut. | LAMBERT 1761, CHALIER 1908 | 5 | Das Modell löst das Problem, ist aber sonst unbefriedigend: Es ist anisotrop und widerspricht dem Kosmologischen Prinzip und der weitgehenden Isotropie der 3K[3] Strahlung, falls man diese nicht lokal erklärt. |
| 7. | Die kosmische Expansion bedingt eine Rotverschiebung[4] des Lichtes ferner Sterne/Galaxien. Von genügend fernen Objekten erreicht uns überhaupt keine Strahlung mehr. | BONDI 1952 | 7, 9 | Im Kosmos wäre es auch ohne Rotverschiebung dunkel. Die Expansion vermag die Temperatur des Nachthimmels nur um etwa 1/4 zu senken. |
| 8. | Urknalltheorie[5]: Das Weltall ist jung. Der beobachtbare Teil ist dann endlich, selbst wenn das Weltall unendlich groß ist. | GAMOW 1948 | 1, 9 | Auch ein junges Universum kann hell sein, falls die Sterndichte groß genug ist. Zur Zeit der Materie/Strahlungsentkopplung war der Himmel sogar sehr hell, wenn auch aus anderen Gründen. |

(Anmerkungen siehe nächste Seite)

1) Als Flächenhelligkeit bezeichnet man den empfangenen Strahlungsstrom (in einem Wellen-längenintervall) pro scheinbarer Einheitsfläche.

2) Die Angaben beziehen sich nicht auf Eigenschaften von zweidimensionalen Oberflächen wie eine flache (euklidische) Tischoberfläche und gekrümmte (sphärische) Kugeloberfläche sondern auf dreidimensionale Räume. Auch dreidimensionale Räume können Eigenschaften haben, die man als flach und gekrümmt bezeichnet.

3) Seit den 60er Jahren kennen die Astronomen die sogenannte kosmische Hintergrund-strahlung, die aus allen Richtungen mit gleicher Intensität empfangen wird. Sie entspricht in ihrem spektralen Verlauf der Temperaturstrahlung eines Körpers von knapp 3 Grad über dem absoluten Nullpunkt, und wird daher auch 3-Kelvin-Strahlung genannt.

4) Das Licht weit entfernter Galaxien erscheint uns nicht in den Originalfarben, sondern alle Farben sind ins Rote, in Richtung längerer Wellen verschoben: violett nach blau, blau nach grün usw. Je geringer die scheinbare Helligkeit der Galaxien (d. h. je größer deren Entfernung von uns), desto stärker ist die Verschiebung der Farben. Im Standardmodell wird die Rotverschiebung als Indiz für die Expansion des Weltalls gedeutet.

5) Wenn das Weltall expandiert, muss es früher kleiner gewesen sein als heute. Eine monotone Expansion vorausgesetzt, führt die Extrapolation rückwärts in die Vergangenheit auf eine raumzeitliche Singularität, die Urknall genannt wird.

Dieser Vorgang ist in Abb. 2 in der Abfolge von links oben nach rechts unten ver-deutlicht. Der Beobachter befinde sich jeweils in der Bildmitte bei B, umgeben von vielen Sternen. Das erste Bild zeigt den Augenblick, in dem im Universum die Sterne zu leuchten anfangen. Der Beobachter B kann ihr Leuchten nicht sofort sehen (offene Kreise), weil das Licht eine gewisse Zeit braucht, um zu ihm zu ge-langen. Das zweite Bild markiert einen späteren Zeitpunkt, zu dem der Beobachter schon Licht von etlichen Sternen seiner Umgebung registriert. Der Kreis mit den Pfeilen markiert den sich mit Lichtgeschwindigkeit weitenden Horizont leuchtender Sterne. Das Leuchten der Sterne außerhalb des Horizontes ist für ihn noch verbor-gen, weil ihr Licht ihn noch nicht erreicht hat. Im Laufe der Zeit erscheinen immer mehr Sterne (drittes Bild), entsprechend hell wird der Himmel. Dieses Bild ent-spricht etwa unserer aktuellen Situation. Zum Zeitpunkt des letzten Bildes schließ-lich ist soviel Zeit vergangen, dass die Sterne in der Umgebung des Beobachters zu verlöschen beginnen (volle Kreise). Der innere Kreis mit den Pfeilen markiert den sich ebenso mit Lichtgeschwindigkeit weitenden Horizont der verlöschenden Ster-ne. Der Kreisring, der die für den Beobachter sichtbar leuchtenden Sterne enthält, dehnt sich mit gleichbleibender Breite weiter aus. Die Helligkeit des Himmels bleibt von dieser Zeit an konstant (Info, Gleichung 2).

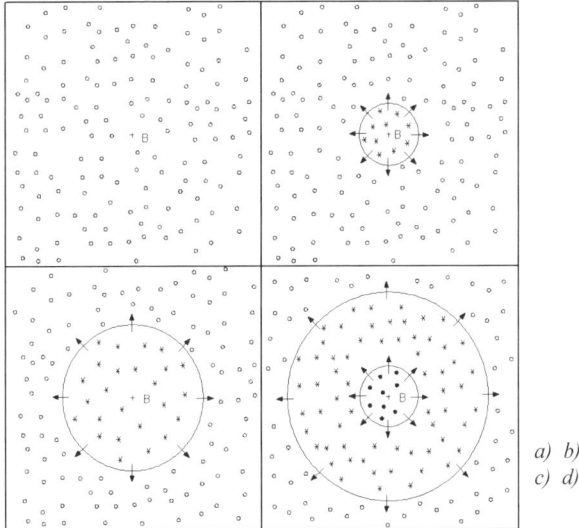

a) b)
c) d)

*Abb. 2:In einem gleichmäßig mit Sternen erfüllten idealisierten Weltall steigt die Himmels-helligkeit zu Beginn an a) – c) und bleibt danach, wegen der endlichen Lebensdauer der Sterne, konstant. (VALET, 1993)*

Bislang haben wir das Modell eines statischen, gleichmäßig mit Sternen gefüllten unendlich großen Universums betrachtet. Es stellt sich heraus, dass der anhand dieses Modells dargestellte Lösungsansatz auch in den aktuellen kosmischen Modellen erfolgreich bleibt. Dies ist jedoch nicht selbstverständlich, und deshalb sollen hier in aller Kürze sowohl einige mögliche Einwände als auch der Erklärungswert einiger alternativer Lösungsvorschläge (siehe Tab. 2) betrachtet werden:

- Im Weltall sind die Sterne nicht gleichmäßig verteilt, sondern in Galaxien konzentriert.

  In den großen Räumen, über die wir hier reden, spielt die Konzentration der Sterne in Galaxien keine Rolle.

- Wirkliche Sterne unterscheiden sich in Temperatur, Größe und Lebensdauer.

  Auf großen Raum- und Zeitskalen sind auch diese Unterschiede unwichtig.

- Sternentstehung findet doch immer wieder statt, so dass ausgebrannte Sterne durch neue ersetzt werden.

  Wir haben im Modell schon den besten Fall angenommen: Alle Materie ist in Sterne gepackt und leuchtet. Wenn nur 1/10 der vorhandenen Materie in Sternen leuchtet, so ist die Sterndichte zehnmal geringer und die Sichtbarkeitsgrenze zehnmal weiter entfernt. Auf der anderen Seite sind maximal zehn Sterngenerationen mit Brennstoff versorgt, die Ringzone in Abb. 2 unten rechts ist also zehnmal breiter. Die maximal erreichbare Himmelshelligkeit ändert sich dadurch aber nicht, es dauert nur länger bis sie erreicht ist. Die zehnfach größere Entfernung der Sichtbarkeitsgrenze wird durch die zehnfach längere Leuchtdauer in der Beobachterumgebung kompensiert. Netto ändert sich also nichts!

- Die Nachtdunkelheit hängt vor allem mit dem jungen Alter des Universums zusammen (siehe Argument von GAMOW in Tab. 2).

  Dieses Argument impliziert die Erwartung, der Himmelshintergrund werde schon hell werden, wenn man nur lange genug warte. Das haben wir aber oben schon widerlegt. Richtig ist zweifellos, dass es in jedem endlich alten Universum mit beliebiger Sterndichte und beliebigen Sterndurchmessern zu Beginn des Sternleuchtens immer eine Zeitspanne dunklen Himmelshintergrundes gibt.

- Die beobachtete Expansion des Weltalls verursacht eine mit der Entfernung zunehmende Rotverschiebung des Lichtes ferner Objekte. Von genügend fernen Galaxien und ihren Sternen erreicht uns fast überhaupt keine Strahlung mehr.

  Zweifellos wird die Strahlung ferner Sterne infolge der Rotverschiebung geschwächt, unabhängig davon, ob diese durch die Expansion des Weltalls oder auf ganz andere Weise verursacht wird. Die Abnahme der effektiven Temperatur des Strahlungsfeldes ist allerdings nicht dramatisch, maximal 20% - 25%. Die Oberflächentemperatur von Sternen von zum Beispiel 5000 Kelvin sänke dadurch auf 4000 Kelvin. Das ist immer noch viel zu hoch verglichen mit der Nachtdunkelheit, die wir sehen. Die Nacht wäre ohne Rotverschiebung nur wenig heller, und ihre Dunkelheit kann auf diese Weise nicht erklärt werden.

- Auch wenn das Weltall nicht taghell ist, muss es doch schon eine gewisse Helligkeit haben.

  In einem taghellen Universum wird der Beobachter auf die „unangenehm" hohe Temperatur von mindestens 5000 Kelvin geheizt. In unserem freien Weltall dagegen herrscht eine Temperatur von 15-20K (ca. -255°C). Ohne unsere Sonne sänke die Temperatur auf der Erde auf vergleichbare Werte.

Fazit: *Das Weltall ist jetzt dunkel, weil die Materiedichte sehr gering ist und damit die Sterne zu weit auseinander stehen.* Der Leuchtbeitrag immer fernerer Sterne vermehrt die Himmelshelligkeit deshalb nur sehr langsam. *Das Weltall bleibt aber auch in der Zukunft dunkel, weil die Lebensdauer der Sterne viel zu gering ist.* Bevor die Himmelshelligkeit merklich ansteigen kann, beginnen schon die Sterne in unserer Nachbarschaft wieder zu verlöschen.

Letztlich hängt alles an dem Verhältnis der Wartezeit von $10^{23}$ Jahren – bis wir genug leuchtende Sternoberflächen sehen – zu der Lebensdauer der Sterne von $10^{10}$ Jahren. 13 Zehnerpotenzen sind nicht zu überbrücken. Die einzige Möglichkeit bestände in einer gewaltigen Zunahme der Materiedichte im Weltraum oder Verlängerung der Lebensdauer der Sterne. Die Lebensdauer eines Sterns könnte maximal um einen Faktor 1000 verlängert werden, wenn der Stern seinen gesamten Materievorrat in Strahlung umzusetzen vermöchte. Dennoch blieben 10 Zehnerpotenzen übrig. Als wichtigste Ursache für den dunklen Nachthimmel bleibt demnach die geringe Materiedichte in unserem Universum.

HARRISON führt aus, was dieses Ergebnis für die Waldanalogie bedeutet: *In unserer Waldanalogie stehen wir inmitten eines Haufens Bäume, umringt von aufeinanderfolgenden Zonen zunehmend jüngerer Bäume, und wir blicken hinaus über die fernsten Setzlinge auf eine baumlose Ebene.*

Betrachten wir noch einmal, welche Voraussetzungen aus Tabelle 1 in unsere Überlegungen eingegangen sind:

- Die großräumige Isotropie und Homogenität (5),
- die räumliche und zeitlich Universalität der Naturgesetze (8),
- die Endlichkeit der Lichtgeschwindigkeit, entgegen (9),
- die gegenwärtige Materiedichte im Universum,
- der Energieerhaltungssatz (daraus folgt die endliche Lebensdauer von Sternen, entgegen (3)).

Außerdem spielten noch der mittlere Sternradius und die Effektivität der Fusionsprozesse im Sterninnern (für deren Lebensdauern) eine qualitative Rolle. <u>Nicht</u> wesentlich ist dagegen, ob

- das Weltall endlich oder unendlich groß ist (1),
- das Weltall endlich oder unendlich alt ist (2),
- es interstellare Materie gibt (4),
- der physikalische Raum euklidisch ist oder nicht (6),
- das Weltall statisch ist (7) oder expandiert/kontrahiert.

Von den neun kosmologischen Hypothesen erweisen sich damit sechs als unwesentlich oder falsch. Selbst in NEWTON's unendlich großem Universum bliebe es also dunkel. Und ob der Raum gekrümmt ist, oder ob er expandiert oder statisch verharrt, löst nicht das Problem. Wirklich notwendig sind nur die beiden allgemeinsten Voraussetzungen (5) und (8). Zusammen mit dem Energieerhaltungssatz gehören sie heute mehr denn je zu den wenigen fundamentalen Hypothesen der Physik. Obwohl nicht beweisbar und manchmal ernsthaft angezweifelt, haben sie doch die bisherige Wissenschaftsgeschichte schadlos überdauert und werden heute nicht mehr ernsthaft in Frage gestellt. Auf diesen Umstand gründet sich unter anderem die Hoffnung, nun die endgültige Lösung des OLBERS'schen Paradoxons zu kennen.

Das Weltall ist dunkel, weil es zu wenig Sterne gibt und diese nicht lange genug leben. Diese Auflösung des OLBERS'schen Paradoxons klingt sehr einfach, fast zu einfach, wenn man die jahrhundertelangen Diskussionen bedenkt. Dennoch konnte diese Antwort so erst in diesem Jahrhundert gegeben werden, weil erst vor etwa 60 Jahren die physikalische Theorie vom Aufbau der Sterne und den in ihnen ablaufenden Kernreaktionen entwickelt wurde. Schon 1848 allerdings legte der amerikanische Dichter EDGAR ALLAN POE in seinem Essay „Heureka", ohne es zu wissen, die richtige Antwort vor: *Die einzige Art daher, ... es uns begreiflich zu machen, warum unsere Fernrohre in unzählige Richtungen leere Stellen finden, wäre die Annahme, der unsichtbare Hintergrund sei so unermesslich weit entfernt, dass noch kein Strahl von ihm imstande war, uns zu erreichen.* Das Licht der fernsten Sterne in der Nähe der Sichtbarkeitsgrenze hätte demnach noch nicht genügend Zeit gehabt, um zu uns zu gelangen. Für POE war dies eine der Konsequenzen des unendlichen NEWTON'schen Universums. Wiederum käme also einem Dichter und Schriftsteller die Ehre zu, einer kosmologisch bedeutsamen Frage den Weg zu ihrer Beantwortung gewiesen zu haben. Etwas später in dem Essay wird allerdings deutlich, dass diese Ausführungen für POE nur hypothetische Denkmöglichkeiten waren, weil er nicht an die Existenz eines unendlichen Universum glaubte, sondern KEPLER's Idee des endlichen Weltraums anhing.

## 6. Bedeutung des Paradoxons

Welche Lehren ziehen wir aus der Geschichte des OLBERS'schen Paradoxons? Hier der Versuch einer Zusammenfassung:

*   Es kann sich lohnen, alltägliche Erfahrungen zu hinterfragen. Gerade einfache Fragen können auf komplexe und grundlegende Zusammenhänge hinweisen. Das Selbstverständliche ist oft bemerkenswert.

*   Am Beispiel des OLBERS'schen Paradoxons, an *BRUNO*, *KEPLER*, *HOYLE* und anderen wird in besonderer Weise deutlich, wie sehr Wissenschaft von menschlichen Glaubenssystemen mitbedingt wird. Die Bandbreite der Möglichkeiten

für die Erklärung eines empirischen Befundes wird all zu oft durch die emotionalen oder geistesgeschichtlich geprägten Bedingungen im Menschen vorgegeben. HARRISON bringt diesen Aspekt im Vorwort seines Buches „Kosmologie" auf den Punkt: *Kosmologie (ist) die Erforschung der Entstehung und des Untergangs kosmischer Glaubenssysteme... Kosmologie ist das Studium der Universa, die erdacht wurden, um menschliche Erfahrung verstehbar zu machen. Für jede Gesellschaft ...gibt es ein Universum und zu jedem Universum gehört eine Gesellschaft; ... eines existiert nicht ohne das andere.*

• Die Geschichte des OLBERS'schen Paradoxons kann uns helfen, die Hypothesen in einem Theoriengebäude eingehender mitzudenken und ihre starke Verknüpfung mit dem Erklärungswert der Lösungen zu sehen. Von „endgültigen" Lösungen zu sprechen, ist deshalb mindestens irreführend. Auch wenn viele Wissenschaftler starke Worte gebrauchen: Unser Wissen über die Welt kann immer nur vorläufig und fehlbar sein. Dies ist auch die Meinung biblischer Autoren.

• Häufig machen wir versteckte Voraussetzungen, deren Annahmecharakter uns nicht klar ist. Erst wenn Widersprüche auftreten – interne (logische) Inkonsistenzen, Abweichungen vom anerkannten Hintergrundwissen oder empirische Falsifikation –, werden wir auf solche Annahmen aufmerksam, und erst dann können wir sie kritisch überdenken (G. VOLLMER 1991).

• Auch Annahmen, die uns völlig natürlich erscheinen, können falsch sein. Dies gilt insbesondere dann, wenn sie sich – wie in der Kosmologie – auf Systeme beziehen, die uns gar nicht unmittelbar zugänglich sind (G. VOLLMER 1991).

• *Wissenschaft wird von Menschen gemacht* (HEISENBERG). Das Spannungsfeld zwischen der Suche nach empirischen Tatsachen, besseren Hypothesen und ästhetischer Theorie einerseits und menschlichen Vorlieben, Wünschen und Ängsten andererseits (siehe z. B. Zitat PASCAL) impliziert Fragen nach den Grundbedürfnissen und Grundbedingungen der Wissenschaftler und von uns Menschen überhaupt. Mögliche Antworten führen über unser Thema hinaus in das Gebiet der Theologie.

Geht die Geschichte des dunklen Nachthimmels weiter? Wir wissen es nicht. Die Kosmologie erhält zur Zeit viele Impulse aus der Teilchenphysik und aus der beobachtenden Astronomie. Ob sich dabei neue Aspekte für die Erklärung des dunklen Nachthimmels ergeben werden, ob die gefundene Lösung vielleicht abermals revidiert werden muss, bleibt abzuwarten. Wir brauchen aber solange nicht untätig zu bleiben. Nehmen wir uns vielmehr Zeit hinauszutreten und den Anblick des gestirnten Nachthimmels über uns und um uns zu genießen. Für uns geschaffen ist er ein Stück Lebensqualität.

## Info

*Helligkeit des Nachthimmels:*

In einem unendlich großen Raum seien Sterne, identisch zu unserer Sonne, mit einer gewissen Dichte gleichmäßig verteilt (Abb. 3). Die Dichte ρ werde z. B. gemessen in [Sterne/Lichtjahr³]. Ein Beobachter befinde sich bei B. Unsere Frage lautet: Welcher Anteil des beobachteten Himmelsgewölbes ist mit Sternscheiben abgedeckt, wenn wir zunächst mit einer kleinen Kugelschale beginnen und dann dessen Durchmesser immer weiter wachsen lassen. Die Lösung erreicht man in 3 Schritten.

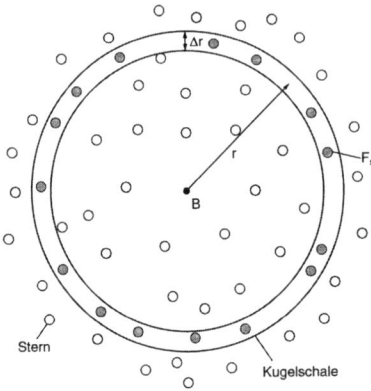

*Abb. 3: In einem gleichmäßig mit Sternen erfüllten Weltall ist für den Beobachter bei B der Helligkeitsbeitrag jeder Kugelschale gleich.*

1. Statt das Weltall als Ganzes zu betrachten, reduzieren wir das Raumgebiet zunächst auf eine Kugelschale des Radius r und der Dicke Δr. Gesucht ist dann $L_{r,\Delta r}$, die Überdeckung nur einer Kugelschale mit Sternscheibchen:

$$L_{r,\Delta r} = \frac{Summe\ der\ Flächen\ der\ Sterne}{Fläche\ der\ Kugelschale} = \frac{N_r F_s}{4\pi r^2} \quad (1)$$

Dabei ist $F_s$ die mittlere Querschnittsfläche eines Sterns und $N_r = \rho 4\pi r^2 \Delta r$ die Anzahl der Sterne in der Kugelschale. Eingesetzt hat man:

$$L_{r,\Delta r} = \frac{\rho 4\pi r^2 \Delta r F_s}{4\pi r^2} = \rho \Delta r F_s \qquad (2)$$

Der Beitrag der Sternflächen aus einer Kugelschale zur Überdeckung des Himmels hängt nicht von r, der Entfernung der Kugelschale vom Betrachter ab! Die Sterne jeder Kugelschale liefern also den gleichen Beitrag: $L_{r,\Delta r} = L_{\Delta r}$.

2. Nun summieren wir die Beiträge aus vielen aufeinanderfolgenden Kugelschalen gleicher Dicke und erhalten $A_r$, die Überdeckung des Himmels mit Sternscheibchen:

$$A_r = \sum_{r=\Delta r}^{n\Delta r} L_{r,\Delta r} = \sum_{r=1}^{n} L_{\Delta r} = nL_{\Delta r} \qquad (3)$$

$A_r$ divergiert mit zunehmendem n! Für $n \geq 1/(\rho \Delta r F_s)$ ist $A_r \geq 1$ und der Himmel mehr als überdeckt. Das kann natürlich nicht sein. Wir haben noch vergessen, die gegenseitige Überdeckung der Sternoberflächen entlang der Sichtlinie zu berücksichtigen.

3. Das bedeutet folgendes: Nehmen wir an, der Himmel sei schon zur Hälfte mit Sternscheiben aus Kugelschalen abgedeckt. Falls wir außen eine neue Kugelschale anfügen, ist im Mittel nur noch die Hälfte der hinzugefügten Sterne zu sehen und trägt zur Abdeckung bei, weil die andere Hälfte von bereits existierenden Sternen abgedeckt wird. Allgemeiner gesprochen: Falls die Sterne der Kugelschalen bis zu einer gewissen Entfernung r vom Beobachter B schon einen Bruchteil $A_r$ des Gewölbes abdecken, so wird der Beitrag der Sterne in der Kugelschale $L_{r+\Delta r}$ zur weiteren Abdeckung um einen Faktor $A_r$ verringert:

$$A_{r+\Delta r} = A_r + (1 - A_r)L_{\Delta r}$$
$$\qquad (4)$$
$$\Delta A_r = (1 - A_r)\rho F_s \Delta r$$

Wir gehen zum Differential über und integrieren:

$$\int_0^{A_r} \frac{dA_r}{1 - A_r} = \rho F_s \int_0^r dr$$

Die Integration liefert:

$$A_r = 1 - e^{-\rho F_s r} \qquad (5)$$

$A_r$ ist der Anteil des Himmelsgewölbes, der mit Sternscheibchen bedeckt ist, falls Sterne der Querschnittsfläche $F_s$ und der Anzahldichte $\rho$ bis zur Entfernung r vom Beobachter berücksichtigt werden.

Für ein unendlich großes Weltall hat man $\lim\limits_{r \to \infty} A_r = 1$ und damit ist der ganze Himmel mit Sternscheibchen abgedeckt und strahlend hell wie die Sonnenoberfläche (siehe Abb. 1).

## Sichtbarkeitsgrenze

Betrachten wir wieder Abb. 3. Der Beobachter bei B ist von räumlich gleichmäßig verteilten Sternen einer gewissen räumlichen Dichte umgeben. Die Sterne brauchen nicht von gleicher Größe und Oberflächentemperatur zu sein, aber der Einfachheit halber nehmen wir an, dass sie es sind. Oben hatten wir schon abgeleitet, dass mit zunehmendem Durchmesser r eines solchen Universums der Himmelshintergrund für den Betrachter immer mehr durch helle Sterne abgedeckt wird, bis der Himmel schließlich für ein unendlich großes Universum an jedem Punkt so hell leuchtet wie die Oberfläche eines Sterns. Nun muss aber nicht jedes Fleckchen Hintergrund durch einen Stern abgedeckt sein, damit der Himmel hell erscheint. Es reicht vielmehr, dass der Himmelshintergrund „überwiegend" abgedeckt ist. Das ist nach allgemeiner Konvention dann der Fall, wenn im Exponenten in Gleichung (5) das Produkt $\rho F_s$ r=1 wird und damit die Überdeckung $A_r$ etwa 63% beträgt. Da $\rho F_s$ r=nL$_{\Delta}$r gilt, erhält man in Gleichung (3): A$_r$=1. Das bedeutet folgendes: Eine zufällige Anordnung von Sternscheiben an der Sphäre mit einer Abdeckung des Hintergrundes von 63% führt auf eine Abdeckung von 100%, falls man die Sternscheibchen planmäßig so anordnet, dass sie sich nicht mehr gegenseitig abdecken.

Da die räumliche Sterndichte $\rho$ und die Querschnittsfläche eines typischen Sterns $F_s$ bekannt sind, kann man die Sichtbarkeitsgrenze $r_s = 1/(\rho F_s)$ berechnen. $\rho$ ergibt sich aus der mittleren Materiedichte im Weltall (1 Wasserstoffatom/m$^3$) und der typischen Masse eines Sterns ($1 \cdot 10^{57}$ Wasserstoffatome): $\rho \approx 1$ Stern/$1{,}5 \cdot 10^9$ Lichtjahre[3]. Der Radius eines sonnenähnlichen Sterns beträgt 700 000 km und seine Querschnittsfläche somit $F_s = 1{,}5 \cdot 10^{18}$ m$^2$/Stern. Für die Sichtbarkeitsgrenze erhält man dann: $r_s = 10^{23}$ Lichtjahre.

## *Literatur*

BONDI, H.: Cosmology. Cambridge University Press, Cambridge 1961[2].

HARRISON, E.R., 1977, American Journal of Physics, 45, 1977, S. 120.

HARRISON, E.R.: Kosmologie. Die Wissenschaft vom Universum. Verlag Darmstädter Blätter, Darmstadt 1983, Kap. 12.

JAKI, S.L.: The paradox of Olbers paradox: a case history of scientific thought. Herder, New York 1969.

KANITSCHEIDER, B.: Kosmologie. Geschichte und Systematik in philosophischer Perspektive. Reclam, Stuttgart 1984.

KIPPENHAHN, R.: Warum wird es nachts dunkel? Bild der Wissenschaft, April 1984, S. 64-74.

VALET, W., 1993: Besten Dank für die Überlassung der Zeichnung.

VOLLMER, G.: Warum wird es nachts dunkel? Das Olberssche Paradoxon als wissenschaftstheoretische Fallstudie. Praxis der Naturwissenschaften, Physik, Aulis Verlag Deubner & Co KG, Köln, Heft 4/40, 1991, S. 28-34.

Hermann Hafner

# „... der Himmel und Erde gemacht hat"

## Gott der Schöpfer und unsere Kosmologien

Der folgende Beitrag hat sieben Teile, die als *Schritte* auf einem gemeinsamen Weg des Betrachtens und Nachdenkens gemeint sind. Versuchen Sie bitte, diesen Weg so als *Weg* von einem Punkt zum andern mitzugehen. Es sind nicht verschiedene Teile eines Systems, die ich hier vortrage, sondern ich möchte Sie mit einigen Fragen und Aspekten zu unserem Thema konfrontieren, und zwar in einer bestimmten Reihenfolge. Das Wichtige ist hier der Weg, auf dem wir Schritt um Schritt verschiedene Zusammenhänge unseres Themas vor Augen bekommen.

## 1. „... der Himmel und Erde gemacht hat"

Ich habe damit eine Themaformulierung gewählt, die so oder ähnlich verhältnismäßig häufig in der Bibel vorkommt, eine immer wiederkehrende Formel. Der Gott Israels wird gekennzeichnet als der, der Himmel und Erde gemacht hat. Der Sachverhalt, dass er der Schöpfer von Himmel und Erde ist, wird in dieser Formel als charakteristische Kennzeichnung dieses Gottes hervorgehoben.

Dass das geschieht, ist keineswegs selbstverständlich. Denn religionsgeschichtlich und theologisch hängt der Gott der Bibel primär mit ganz anderen Dingen zusammen – Sie brauchen sich nur an Ihren Religionsunterricht oder Konfirmandenunterricht zu erinnern: „Ich bin der Herr, dein Gott, der ich dich aus Ägypten, aus dem Diensthause geführt habe ...". So beginnen die zehn Gebote, so stellt der, der hier seinem Volk gebietet, sich selbst und die Grundlage seines Gebietens dar.

Dass er sein Volk aus Ägypten in die Freiheit geführt hat, *das* ist das grundlegende Werk, an dem dieser Gott zu identifizieren ist, mit dem er für sein Volk viel eher und grundlegender zusammenhängt als mit der Schöpfung. Dass er Himmel und

Erde geschaffen hat, das spielt erst in zweiter Hinsicht und vor allem in späterer Zeit[1] eine gewichtige Rolle, das kommt erst in der babylonischen Gefangenschaft des jüdischen Volkes zu voller Entfaltung. Dann allerdings so kräftig und grundlegend, dass das eigentlich ganz unerhört erscheint.

Im 40. Kapitel des Jesaja-Buchs spricht „Deutero-Jesaja", jener Prophet im babylonischen Exil, diese Sache an: Nach babylonischer Ansicht hatte der Stadt- und Staatsgott Marduk die Aufgabe und Kompetenz, die Sterne zu rufen und ihren Weg zu bestimmen – der Prophet stellt das einfach in Frage: „Hebt eure Augen in die Höhe und seht! Wer hat dies geschaffen? Er führt ihr Heer vollzählig heraus und ruft sie alle mit Namen; seine Macht und starke Kraft ist so groß, dass nicht eins von ihnen fehlt."[2] Wer nun? Die Antwort muss man gar nicht erst aussprechen, sie steht fest, es gibt keine Alternative für sie: der Gott Israels und keiner sonst; der Gott dieses leidvoll besiegten und aus seiner Heimat weggeführten jüdischen Volkes, das nicht mehr weiß, wie es mit ihm leben kann und soll, nachdem er es aus dem Land hatte wegführen lassen, das er selbst ihm einst verheißen und gegeben hatte! Dass die Heilsbotschaft, die dieser Prophet von Gott auszurichten hat, verlässlich ist, wird von ihm immer und immer wieder mit dem Hinweis begründet: der hier die Befreiung und Rückkehr verheißt, ist der, der Himmel und Erde gemacht hat, der alles geschaffen hat, der den Himmel ausbreitet allein und ohne Gehilfen – und was er sonst noch für Formulierungen und Wendungen dafür einsetzt. Der das fertiggebracht hat, der wird es doch auch hinkriegen, dass mit dem Volk noch einmal ein neuer Anfang geschieht!

So wird das, was zunächst in Hinsicht auf diesen Gott gar keine so große Rolle gespielt hat, ein ganz zentraler Punkt, sogar der Punkt, der das eigentliche Unterscheidungsmerkmal dieses Gottes gegenüber anderen Göttern darstellt, und das ganz nachhaltig bis ins Neue Testament und in die Kirchen- und Missionsgeschichte hinein und durch sie hindurch bis zur Gegenwart: „Alle Götter der Völker sind Götzen; aber der Herr hat den Himmel gemacht."[3] „Der Herr" – das ist der Gottesname des Gottes Israels. *Er* hat die Himmel gemacht. Daran ist zu erkennen: er allein ist der wahre Gott und kein anderer neben ihm.

---

[1]  Dafür gibt es einen sehr einfachen Test: wenn Sie über die ersten paar Kapitel der Bibel hinweg sind, dann können Sie sich durch die fünf Bücher Mose hindurchlesen und finden fast keine Bezugnahmen auf die Schöpfung mehr!

[2]  Jes 40,26.

[3]  Psalm 95,5.

Was bedeutet dieser Sachverhalt, dieser geschichtliche Weg der biblischen Schöpfungsaussage, dass sie zunächst so im Hintergrund steht und dann ein solches Gewicht bekommt?

1) Gott wird in der Bibel nicht durch sein Schöpfersein definiert: man weiß von ihm, primär jedenfalls, nicht dadurch, dass man vom Bestand der Welt darauf zurückschließt, dass sie einen Urheber haben müsse – wie immer der auch geartet sein mag und ob man etwas von ihm wissen könne oder nicht. Nein, das ist nicht die Grundlage, sondern man kennt ihn aus seinen geschichtlichen Heilstaten – und von ihm, dem Gott Israels, sagt und weiß man: *er* und kein anderer hat Himmel und Erde gemacht. Dieser bestimmte Gott, nicht irgendein Gott.

2) Aber gerade von da aus wird das umfassende Schöpfersein dieses Gottes zum Kriterium seiner Gottheit. Daran erkennt man, dass er der wahre Gott ist; als Gott wird nur der anerkannt, von dem man in dieser umfassenden und unbedingten Weise sagen kann: „Er hat Himmel und Erde gemacht". Und durch die ganze Geschichte jüdischer Existenz und christlicher Mission hindurch ist das auch von anderen Völkern und Religionen immer wieder als etwas Besonderes an dem Gott der Juden und der Christen vermerkt worden. So, wie man von seinem Schöpfersein redet, so hat noch kein Volk vom Schöpfersein irgendeines anderen Gottes geredet.

## 2. Wie erzählt man eine Schöpfungsgeschichte?

Beim Erzählen ist immer wieder die ganz entscheidende Frage: wie fange ich an? Von irgend etwas muss ich ja ausgehen, an irgendeinem Punkt muss ich mich zu Beginn gemeinsam mit dem Zuhörer einfinden, damit die Geschichte ins Rollen kommen kann. Dieser Ausgangspunkt oder Ausgangszustand, der die Exposition der Erzählung ausmacht, muss dem Hörer deutlich werden, sonst kann er dem Weiteren nicht folgen. Womit können wir also anfangen, wenn wir eine Schöpfungsgeschichte erzählen wollen?

Wir schulen unser Auge zunächst einmal beim modernen Naturwissenschaftler – mit dessen Arbeit haben wir uns in den voranstehenden Beiträgen ja intensiv befasst. Was tut der, wenn er eine Schöpfungsgeschichte erzählen will? Womit fängt er an?

Nun, wir haben es gehört, er nimmt z.B. ein Quantenvakuum. Wie wir aus zweier Zeugen Mund gehört haben, ist das nicht eigentlich ein Vakuum im ganz wörtlichen Sinne, sondern – ich möchte einmal sagen: eher so eine Art drall gefüllte Wundertüte, die für mancherlei Überraschungen gut ist und aus der man mit der Zeit das Weltall in seiner ganzen Größe hervorgehen lassen kann. Der moderne Kosmologe nimmt also z.B. so ein Quantenvakuum und beginnt zu erzählen, was dieses alles aus sich entlässt.

So etwas Ähnliches finden wir in den alten Schöpfungsmythen der Völker auch. Die hatten zwar noch kein Quantenvakuum zur Verfügung, aber durchaus brauchbar erscheinende alternative Rohstoffe für den benötigten Ausgangspunkt.

Z.B. schließt man aus bestimmten Texten, dass es im Alten Ägypten einmal einen Mythos gegeben haben mag, der mit der Urflut begann. Aus der Urflut stieg dann die Urkuh empor und gebar den Sonnengott Re, der seinerseits dann als der eigentliche Schöpfergott die Welt eingerichtet hat.

Der Urzustand, von dem man ausgeht, ist damals wie heute stets ein möglichst einfacher und undifferenzierter Zustand – was immer dabei als einfach und undifferenziert gelten mag! –, ein Quantenvakuum etwa oder eine Urflut oder was man sonst dergleichen hat.

Es kann sein, dass man den Hörer zu diesem einfachen Ausgangszustand erst einmal hinführen muss. Dann fängt eine Schöpfungsgeschichte sozusagen andersherum an: man beginnt beim gegenwärtigen Zustand der Welt, den man vor Augen hat, und denkt davon nacheinander die verschiedenen Teile weg, bis nur noch ein einfacher Ausgangszustand übrig ist. Ich will Ihnen zwei Kostproben davon geben. Zunächst der Beginn des babylonischen Schöpfungsepos „Enuma elisch":

> Als droben die Himmel nicht genannt waren,
> als unten die Erde keinen Namen hatte,
> als selbst Apsu[4], der Uranfängliche, der Erzeuger der Götter,
> Mummu Tiâmat[5], die sie alle gebar,
> ihre Wasser in eins vermischten,
> als das abgestorbene Schilf sich noch nicht angehäuft hatte,
> Rohrdickicht nicht zu sehen war,
> als noch kein Gott erschienen,
> mit Namen nicht benannt, Geschick ihm nicht bestimmt war –
> da wurden die Götter aus dem Schoß von Apsu und Tiâmat geboren.[6]

Ein Subtraktionsverfahren also: man hat die Welt vor Augen, so wie sie ist, und man geht zurück, indem man abzieht, was man sich von ihr wegdenken muss, eins nach dem andern, bis deutlich ist, dass man eigentlich nichts Konkretes mehr vor Augen haben soll, und man so beim gewünschten Ausgangszustand angekommen ist.

---

[4]  die (männliche) Gottheit des unterirdischen Süßwasserozeans.

[5]  die (weibliche) Gottheit des Salzwasserozeans.

[6]  Zitiert nach: Die Schöpfungsmythen. (Quellen des Alten Orients Bd.1). Einsiedeln 1964, ND Darmstadt 1977, S. 134.

Noch etwas prägnanter findet sich das in dem nach seinem Fundort in Bayern so genannten Wessobrunner Gebet, einem althochdeutschen Text aus dem 9. Jahrhundert:

> Das erfuhr ich unter den Menschen
> als der Wunder größtes:
> dass Erde nicht war,
> noch Himmel droben,
> dass Baum nicht wuchs
> und Berg nicht war
> und Tiere keine,
> Sonne nicht schien,
> Mond nicht leuchtete
> noch die mächtige See.
>
> Da da gar nichts war
> aller Enden und Wenden,
> da war doch der eine, allmächtige Gott,
> der Wesen barmherzigster,
> und da waren auch mit ihm viele
> göttliche Geister.
>
> Gott Allmächtiger,
> der du Himmel und Erde gewirket hast
> und hast den Menschen so manches Gute gegeben,
> gib mir in deiner Gnade
> rechten Glauben und guten Willen,
> Weisheit, Einsicht und Kraft,
> dem Teufel zu widerstehen
> und dem Bösen zu wehren
> und deinen Willen
> wirksam zu tun.[7]

Sie sehen, das ist keine Schöpfungsgeschichte, sondern ein Bittgebet; aber es wendet sich an Gott als den allmächtigen Schöpfer, und indem es beim Gedanken an Gott den Schöpfer verweilt, beginnt es wie eine Schöpfungsgeschichte.

Das entsprechende Verfahren, ein Rückwärts-Rechnen und Rückwärts-Erzählen[8], haben wir ja auch bei der naturwissenschaftlichen Kosmologie deutlich vor Augen und haben es vorgeführt bekommen. Das Zurückrechnen ist ja schließlich die eigentliche Grundlage naturwissenschaftlicher Kosmologie; ihr faktischer Ausgangspunkt ist das, was man heute vorfindet.

---

[7]   Zitiert nach LIS JACOBI: Schöpfungs- und Entstehungsmythen. Schaffhausen 1981, S. 68.

[8]   bis hin zu der sprachlichen Paradoxie, dass das Wörtchen „dann" weiterführt zu einem Geschehen, das *zeitlich vor* dem zuvor behandelten Geschehen liegt, diesem aber darum in der rückwärtslaufenden Erzählung nachfolgt!

Auch in der Bibel finden wir diese beiden Formen des Anfangs einer Schöpfungsgeschichte wieder.

In Genesis 2 das Subtraktionsverfahren: „Es war zu der Zeit, da Gott der Herr Erde und Himmel machte. Und alle die Sträucher auf dem Felde waren noch nicht auf Erden, und all das Kraut auf dem Felde war noch nicht gewachsen; denn Gott der Herr hatte noch nicht regnen lassen auf Erden, und kein Mensch war da, der das Land bebaute; aber ein Nebel stieg auf von der Erde und feuchtete alles Land. Da machte Gott der Herr den Menschen aus Erde vom Acker ...“[9]

In Genesis 1 der andere Weg: „Die Erde war wüst und leer, und es war finster auf der Tiefe; und der Geist Gottes schwebte auf dem Wasser“[10] – die Schilderung eines Urzustandes. Aber Sie haben es sicher gemerkt, der Text ist ja vertraut: ich habe mit dem Lesen nicht ganz vorne angefangen, da hat doch noch etwas gefehlt! Was sollte aber vor einem Urzustand noch kommen können? Nun, wir kennen ihn ja, diesen lapidaren Satz: „Am Anfang schuf Gott Himmel und Erde.“[11]

*Das* ist man aus Schöpfungsgeschichten sonst nicht gewöhnt. Schöpfungsgeschichten fangen an – ich sage das einmal so pauschal und vergröbernd – entweder mit der subtraktionsweisen Annäherung an den Urzustand oder mit einer positiven Nennung oder Schilderung des Urzustands. Das muss ja beinahe auch logischerweise so sein. Und wir haben im zweiten Vers ja auch, wie gehört, diese Schilderung eines Urzustandes.

Davor steht aber jetzt im ersten Vers der Bibel dieser Satz: „Am Anfang schuf Gott Himmel und Erde“ – also fast genau die Formel, die ich als Titel dieses Beitrags gewählt habe. Wie kommt dieser Satz da hin? Was macht er da? Ein normaler Anfang einer Schöpfungsgeschichte ist das nicht – der (oder was nun aus ihm geworden ist) steht im zweiten Vers.

Eine Überschrift? – Ja, vielleicht auch ein bisschen. Aber der Satz ist enger mit dem folgenden Satzgefüge verknüpft als eine Überschrift das normalerweise ist. Es geschieht da etwas ganz Eigenartiges: Dem normalen Anfang einer Schöpfungsgeschichte wird noch etwas vorangesetzt – er wird überboten und relativiert. Die Schöpfungsgeschichte von Genesis 1 fängt nicht mit dem Urzustand an, sondern sie fängt an: „Am Anfang schuf Gott Himmel und Erde“ – Gottes Schaffen steht am Anfang, gänzlich vor jedem aussagbaren Urzustand, von dem man als Erzähler, als Zuhörer oder als Forscher ausgehen könnte! Alles, was hier in dieser Geschichte geschieht, geht von Gott aus, nicht von einem Urzustand. Und davon ist dann ja auch die ganze Form dieses Schöpfungsberichts mit seinen acht Schöpfungswerken und seiner Sieben-Tage-Ordnung bestimmt: Jedes Werk beginnt mit der Wendung

[9] Gen 2,4b-7.
[10] Gen 1,2.
[11] Gen 1,1.

„Und Gott sprach", und die straffe Folge und Begrenzung der Tage hält den, der das liest, bei der klaren Bestimmtheit des Schöpferhandelns Gottes fest. All das, was hier geschieht und zu berichten ist, wurzelt in Gottes Plan, in Gottes Entscheidung und Tun – und nirgends sonst.

So sieht das aus, wenn man eine Schöpfungsgeschichte vom Gott Israels erzählt, wenn man von seinem Schöpfungswerk berichtet. Die Klarheit, die Schärfe und Präzision dieses Textes stammt dabei nur zum Teil aus der Tradition weisheitlicher Naturbetrachtung und auch nur zum Teil aus den Quellen priesterlicher Gestaltungskraft. In letzter Instanz steht dahinter das Wissen um Gottes klares Handeln in seinem Verhältnis zu seinem Volk Israel und Juda. So klar und bestimmt, wie Gott an seinem Volk gehandelt hat, so klar und bestimmt ist auch sein Schöpferhandeln zu sehen und darzustellen. Da kann keine Rede davon sein, dass die Prozesse sich selbst überlassen wären oder so allmählich zufällig und ohne Plan und Bewusstsein zustande kämen.

Sie merken: worauf ich Sie im ersten Teil vorhin einleitend hingewiesen habe, was bei dem Gott der Bibel zuerst kommt und was an zweiter Stelle, das spielt hier eine Rolle. Dass man von ihm als dem Schöpfer redet und wie man das tut, das hängt mit dem zusammen, was man in der Geschichte von ihm erfahren und kennen gelernt hat; davon ist es ganz durchdrungen.

Dabei kann in diesem Schöpfungsbericht ja durchaus ganz ernsthaft und unbefangen die Rede davon sein, dass die Erde (!) Gras und Kraut hervorbringen soll und auch lebendiges Getier – ganz ähnlich, wie bei anderen Völkern von der großen Mutter Erde die Rede ist, die alles hervorbringt. Der biblische Bericht spricht nicht davon, dass Gott hier eingreifen oder nachhelfen müsste, sondern die Sache geschieht einfach, die Erde bringt hervor! Und dennoch ist in alledem von vornherein klar: was hier geschieht, kommt allein aus Gottes Willen und Wirken; das Ganze wird unmittelbar und bestimmend vom Befehlswort Gottes umspannt: „Die Erde bringe hervor!"[12] Dieses Befehlswort allein ist es, von dem letztlich alles seinen Ausgang nimmt.

Die biblische Schöpfungsgeschichte bestreitet nicht natürliche Verkettungen. Aber ihr geht es nicht darum, diese Verkettungen zu verfolgen, sondern darum, deutlich zu machen: dieser Gott allein hat das alles nach seinem Willen gemacht.

---

[12]  Gen 1,24; vgl. V. 11, aber auch V. 20.

## 3. Die spannende Frage: willentliches Handeln Gottes oder gesetzmäßiger Ablauf?

Die Bibel berichtet also vom klar bestimmten willentlichen Handeln des Gottes Israels, wenn sie von der Schöpfung erzählt.

Die Naturwissenschaft spricht von einem unpersönlichen gesetzmäßigen Ablauf bzw. von gesetzmäßigen Strukturen, wenn sie das Werden des Kosmos nachzuzeichnen versucht.

Das sind zwei völlig verschiedene und einander – zumindest unserem üblichen Empfinden und Denken nach – völlig fremde Dinge: entweder ein Geschehen ist unmittelbar von einem persönlichen Willen bestimmt, oder es ist ein gesetzmäßiger Ablauf – aber doch nicht beides zugleich!

Und auf beiden Seiten steht dabei Entscheidendes auf dem Spiel:

- Biblischer Glaube kann nicht zustimmen, wenn Gott zwar erlaubt wird zu handeln, aber – bitte sehr – schön brav nach den Naturgesetzen!

- Und eine mit Leidenschaft betriebene Naturwissenschaft kann und mag nicht damit leben, wenn ihre Gesetze zwar gelten dürfen, aber – bitte sehr – sozusagen rein zufällig, weil und solange es Gott gefällt, so zu handeln, wie die Naturgesetze das sagen!

Das eine wäre kein biblischer Glaube, das andere wäre keine Naturwissenschaft! Das Gefühl, dass sich hier etwas in Spannung gegenübersteht, ist also nicht bloß Sache eines vielleicht irregehenden ersten Empfindens, sondern hier steht tatsächlich für beide Partner des Gesprächs etwas auf dem Spiel, das Gewicht hat.

Dabei wären die beiden von mir hier gebrauchten Formulierungen ja eigentlich schon die optimalen Kompromissformeln; denn die anderen, die auf dem Markt zu haben sind, sind – zumindest für den biblischen Glauben – noch schlechter, wie z. B.:

- „Objektiv sagt die Wissenschaft, wie die Dinge sind; aber du darfst dir subjektiv noch Gottes Handeln dazudenken, solange du die objektiven Belange nicht verletzest."

- „Schöpfung ist eine rein theologische Kategorie und hat mit dem realen Geschehen der Weltentstehung nichts zu tun; bei der Kategorie der Schöpfung geht es nur um dein Selbst- und Weltverständnis, nicht um die objektiven Entstehungsprozesse der Welt."

Die Spannung steht also im Raum. Und nach dem Gesagten ist deutlich, um was es für den biblischen Glauben dabei geht:

Er kann nur so von der Schöpfung und vom Werden der Welt reden, dass dabei deutlich ist: dieses Geschehen ist Gottes Handeln und durch und durch von seinem

Willen und von seiner tätigen Gegenwart bestimmt. Was hier geschieht, entscheidet sich einzig am Willen Gottes.

Davon kann biblischer Glaube sich nichts abmarkten lassen, auch wenn noch so viele Christen, kirchliche Amtsträger und Theologen – zermürbt und gewitzigt durch die schlechten Erfahrungen in der Geschichte der apologetischen Streitigkeiten mit der Naturwissenschaft und verlockt durch die Befreiung von quälenden inneren Spannungen – hier sehr leicht bereit sind, den Kampf aufzugeben, dem wissenschaftlichen Denken einfach seinen Lauf zu lassen und sich von ihm ins Schlepptau nehmen zu lassen.[13]

Die Frage ist also, ob es einen Einklang gibt – ich sage nicht: eine Möglichkeit, beides zusammenzubiegen! –, einen *Einklang* zwischen dieser Grundbedingung biblischen Glaubens an Gott den Schöpfer einerseits und dem Interesse des wissenschaftlichen Kosmologen an der echten Geltung von Gesetzmäßigkeiten andererseits.

Einen ersten Hinweis dazu füge ich gleich an:

Die Bibel selbst redet vielfältig von Gott und seinem Tun. Die vielfach üblich gewordene Konzentration auf ein Reden von der Personhaftigkeit Gottes und seines Handelns ist demgegenüber eine Verkürzung.

Ich nehme mit diesem Hinweis nichts zurück von dem, was ich bisher gesagt habe. Aber ich sage, man muss noch etwas anderes *dazu* sagen: Gottes Handeln ist nicht nur als Spontaneität auszusagen, sondern es kann und muss auch als Gesetz ausgesagt werden.

Lassen Sie mich das an einigen Punkten verdeutlichen:

• Am deutlichsten wird das wohl zunächst an dem großen Zusammenhang apokalyptischen Denkens, das in der Bibel am konzentriertesten durch das Danielbuch und die Offenbarung des Johannes repräsentiert ist, das aber darüber hinaus zu den Grundlagen des ganzen Neuen Testaments gehört und in vielen anderen Texten greifbar wird.

Die Art, wie in den apokalyptischen Büchern mit Zahlen und Zeiten gerechnet wird, hat es ja in sich! Das ist nicht nur so ein bisschen Geschichtsspekulation mit Hilfe von Zahlen, dass man denkt, man könnte ausrechnen, wie der Fahrplan der künftigen Geschichte aussieht; sondern einer der tragenden Ausgangspunkte liegt doch auch darin, dass man das Geheimnis Gottes in den Zahlen sucht. Sonst könnte man so nicht rechnen. Das Geheimnis Gottes liegt in den

---

[13] Um Missverständnissen vorzubeugen: Im Hintergrund meiner Aussage steht nicht die Meinung, dass Christen gut daran täten, das wissenschaftliche Denken umzubiegen und zu verdrehen, bis es zum Glauben passt! Aber ich will dennoch so provozierend formulieren, um deutlich zu machen, dass hier Wesentliches auf dem Spiel steht und dass Christen anderes zu tun haben, als einfach nur dem wissenschaftlichen Denken zu folgen.

Zahlen, das Geheimnis Gottes liegt in der Gesetzmäßigkeit des geschichtlichen Ablaufs. Nur weil das der Grundgedanke in der Tiefe ist, darum kann an der Oberfläche dann ein Geschichtsbild herauskommen, bei dem die Zahlen eine solche Rolle spielen.[14]

- Ein anderer Zweig aus diesem apokalyptischen Zusammenhang ist Ihnen vermutlich auch schon gelegentlich begegnet: jene neutestamentlichen Formulierungen mit dem göttlichen „Muss": „Musste nicht Christus solches erleiden ...“[15]. Üblicherweise wird dazu erklärt, und so ist es ja tatsächlich auch deutlich sichtbar in der Ostergeschichte des Lukas: dieses Muss bezieht sich auf die Weissagungen der Schrift; in ihnen ist Gottes Vorsatz und Wille kundgetan, und Gottes Wille muss nun einmal in Erfüllung gehen. Diese Erklärung ist zweifellos richtig, aber es fehlt die Hälfte dabei: die Voraussetzung, dass Gottes Wille und Handeln gesetzmäßig ist! Nicht irgendwie zufällig, so dass er sich heute dieses denkt und morgen fällt ihm jenes ein, was dann geschehen ‚muss' – nein, sondern in Gottes Handeln steckt eine Gesetzmäßigkeit drin, und dieser Gesetzmäßigkeit gemäß kann man sagen: es ‚muss' so geschehen – so, wie die Schrift es zeigt und verheißt. Es geht dabei nicht darum, an der Offenbarung vorbei im Weltraum herumzuspekulieren; aber was die Offenbarung zeigt, sind nicht irrationale, willkürliche und splitterhafte Festsetzungen Gottes, sondern Elemente aus einem umfassenden und gesetzmäßigen Plan Gottes, der gemäß seiner Gesetzmäßigkeit in Erfüllung gehen muss. Gottes Handeln ist Gesetzmäßigkeit.

- Die weisheitlichen Texte des Alten Testaments zeigen uns einen weiteren Aspekt dieser Sache, der als Voraussetzung in die Ausbildung der apokalyptischen Denkweise mit eingegangen ist, aber auch ganz konzentriert und zentral in der Verkündigung Jesu in den Evangelien wirksam ist: die Ordnung der Welt, der Natur, ist Gottes Werk und Wirken. In ihr spiegelt sich die Herrlichkeit und Weisheit Gottes, in ihr nimmt man wahr, wie Gott handelt. Nur auf dieser Grundlage ‚funktionieren' doch die Gleichnisse Jesu: An den Vorgängen in der Schöpfung kann man ablesen: so handelt Gott – und darum ist der Schluss zwingend: nicht anders wird es zugehen, wo Gott sein endzeitliches Reich aufrichtet. Denn in beiden Fällen ist es ja derselbe handelnde Gott, der gemäß derselben Gesetzmäßigkeit handelt! Jesu Gleichnisse sind nicht nur ein schönes aber beliebiges Bilderbuch, sondern sie haben eine handfeste und argumentativ nachvollziehbare Realitätsgrundlage. Und die hat ganz wesentlich damit zu tun, dass Gottes Handeln gesetzmäßig ist.

---

[14] Wir können dabei ruhig einen Blick übers Meer – und gleichzeitig ein wenig rückwärts in der Zeit – werfen und parallel an die Pythagoräer im griechischen Kulturkreis in Unteritalien denken, bei denen in ganz anderer Weise die Zahlen eine ähnlich grundlegende und theologische Rolle spielten.

[15] Lk 24,26.

- Schließlich noch etwas, das ganz unscheinbar wirkt und auch aus ganz anderer Quelle kommt, das aber m. E. doch ganz wesentlich mit in diesen Zusammenhang einmündet:

Im jüdischen Volk hat man aus Ehrfurcht vor dem Gottesnamen gelernt, ihn zu vermeiden, um ihn nicht zu missbrauchen. Und im Neuen Testament finden wir diese Redeweise ja auch immer wieder, dass Aussagen unpersönlich formuliert werden anstatt dass der Name Gottes genannt wird. Vielleicht wird an einem einzigen Satz aus der Bergpredigt deutlich, was das mit unserer augenblicklichen Frage zu tun hat: „Bittet, so wird euch gegeben!"[16] Natürlich geht es da um die Bitte an Gott und um Gottes Geben. Aber stellen Sie einmal neben diese Formulierung die direkte: „Bittet Gott, so wird er euch geben" – Sie werden unmittelbar merken: die durchschlagende Kompaktheit und der Charakter der Gesetzmäßigkeit des Zusammenhangs, die der biblischen Formulierung ihre Kraft geben, wären damit beseitigt. Der persönlich formulierte Satz wirkt sehr viel zufälliger. Die unpersönliche Formulierung trägt den Charakter der Gesetzmäßigkeit an sich, selbst wenn das zunächst nur ein unbeabsichtigter Nebeneffekt wäre.

Für biblisches Reden vom Handeln Gottes ist beides gleich entscheidend: dass es als persönliche Spontaneität ausgesagt werden kann *und* dass es als ein gesetzmäßiges Wirken ausgesagt werden kann – und dass dies beides ineinander liegt und nicht voneinander getrennt werden kann. Gericht Gottes z.B. ist nichts Zufälliges, sondern im Gericht Gottes rächen sich die Taten der Menschen; aber es ist *sein* Gericht, *er* führt es durch, es geschieht nach seinem Willen. Beides ist kein Gegensatz, beide Seiten sind im biblischen Zusammenhang als *Gottes* Wirken gedacht, auch die Seite der unentrinnbar sich erfüllenden Gesetzmäßigkeit. Das Gesetzmäßige ist nicht unabhängig vom Willen Gottes, sondern dessen andere Seite.

Ich ergänze diese biblischen Hinweise im folgenden Abschnitt durch einen Blick auf die dogmatische Tradition der Theologie.

## 4. Was altprotestantische Theologen von Schöpfung und Vorsehung wussten

„Altprotestantismus" nennt man die Phase der protestantischen Theologie zwischen Reformation und Aufklärung. Ich möchte Ihnen jetzt einfach ein Lehrstück aus der Lehrbildung damaliger Theologie im Angesicht unserer Fragestellung vor Augen führen und tue das im Anschluss an CARL HEINZ RATSCHOW'S Wiedergabe und Darstellung[17]. Die Dogmatik damals hat sehr stark mit begrifflichen Unterschei-

---

[16] Mt 7,7.

[17] C. H. RATSCHOW: Lutherische Dogmatik zwischen Reformation und Aufklärung. Teil II. Gütersloh 1966, S. 155-184.208-247 (die Lehre von den Werken Gottes, von der Schöpfung und von der Vor-

dungen gearbeitet; man wollte klare Begriffe gewinnen und hat darum jeweils gut durchdefinierte Begriffsbäume erstellt.

Zur Rahmenorientierung zeige ich Ihnen zunächst die Begriffspyramide zur Lehre von den Werken Gottes (opera divina – siehe Abb. 1). Ich habe dabei einfach die lateinischen Begriffe stehen lassen, da sie Ihnen, wenn nicht schon über die deutsche Sprache, dann doch über die englische oder französische unmittelbar erschließbar sein werden – jedenfalls was die Bedeutung der einzelnen Vokabeln betrifft.

Die oberste Unterscheidung ist die zwischen Werken, die Gott sich selbst gegenüber tut, deren Objekt er selbst ist (opera ad intra[18]), und Werken, die sich auf Objekte außerhalb Gottes beziehen (opera ad extra). Wenn wir den letzteren Zweig weiterverfolgen, ist die nächste Unterscheidung die zwischen Akten Gottes, die sich zwar auf Objekte außerhalb Gottes beziehen, aber sich ganz in Gott selbst vollziehen (opera ad extra interna[19]), und solchen Akten Gottes, die eine Wirkung außerhalb Gottes hervorbringen (opera ad extra externa[20]). Gehen wir wieder diesem letzteren Zweig nach, so finden wir die Unterscheidung dieser opera ad extra externa in solche, die personbezogen (personalia), und solche, die wesensbezogen (essentialia) sind; gemeint sind damit einerseits Werke, die den einzelnen Personen der Trinität eigen sind[21], andererseits solche, die den drei Personen der Gottheit in der Einheit ihres Wesens gemeinsam zugehören. Schließlich werden uns diese letzteren in drei Gruppen (Werke der Macht, des Erbarmens und der Gerechtigkeit) aufgezählt – von der Schöpfung bis zum jüngsten Gericht. Sie sehen, es ist eine ziemlich umfassende und sehr präzise durchstrukturierte Lehre von den Werken Gottes, die uns hier vorgetragen wird – und die Zweige des Baumes, die wir hier beiseite gelassen haben, gehören ja auch noch dazu!

---

sehung). RATSCHOW druckt jeweils den (lateinischen) Text eines sehr kompakten Lehrbuchs (JO-HANN FRIEDRICH KÖNIG: Theologia positiva acroamatica. 1. Aufl. Rostock 1664) ab, kommentiert ihn und gibt dann Hinweise auf die historische Entwicklung des betreffenden Lehrstücks unter Einschluss wichtiger Zitate aus anderen Lehrbüchern der Epoche.

[18] z.B. die Sendung des Sohnes durch den Vater.

[19] z.B. Gottes Einsicht in alle Dinge oder Gottes Willensakte bezüglich seiner Geschöpfe.

[20] All das, was wir normalerweise unter „Werken Gottes" verstehen.

[21] z.B. die Menschwerdung des Sohnes.

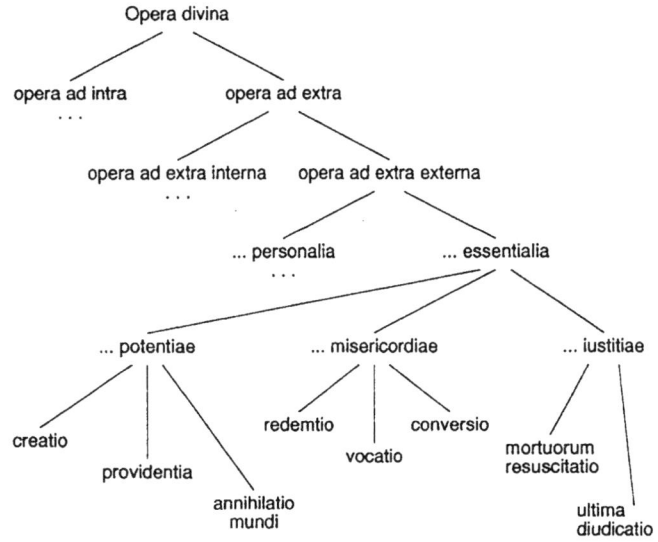

*Abb. 1: Die Einteilung der Werke Gottes bei J. F. KÖNIG*
*(Die weiteren Verzweigungen nach links in den Ebenen 2-4 sind weggelassen)*

Mit dieser Lehre von den Werken Gottes ist die ganze Welt umspannt, alles menschliche Reden und Denken über die Welt findet seinen tragenden und begrenzenden Rahmen in diesem System der Werke Gottes. Hier hat man nicht eine Kosmologie, die fertig ist, und fängt dann irgendwo ganz anders von Gott zu reden an, von verschiedenerlei Werken Gottes, über die man zusätzlich zur Welt eben auch noch nachdenken muss. Nein, das gesamte Geschehen der Welt wird von dieser Dogmatik berührt und ist in ihr drin, wenn auch sehr grob und allgemein. In jedem Fall ist die Verklammerung des Nachdenkens über Gott und des Nachdenkens über die Welt vollzogen und nicht das Hobby eines frommen Vereins unverbunden neben die Realität der Welt gestellt.

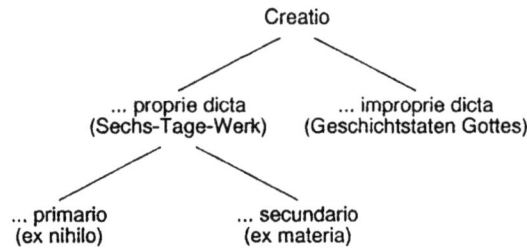

*Abb.2: Die Einteilung der Schöpfung bei J. F. KÖNIG*

So viel in Kürze als Überblick über den Gesamthorizont, in dem altprotestantische Theologie über das Handeln Gottes in der Welt redet. Wir wollen nun die Darstellung der beiden Werke Gottes, die unmittelbar mit unserem Thema zu tun haben, noch näher betrachten: die Lehre von der Schöpfung und die Lehre von der Vorsehung.

Das Reden von Schöpfung (siehe Abb.2) wird zunächst unterschieden in ein eigentliches (creatio proprie dicta) und ein uneigentliches (creatio improprie dicta), also Schöpfung im eigentlichen Sinn und Schöpfung im uneigentlichen Sinn[22]. Die eigentliche Schöpfung ist damit auf das Sechs-Tage-Werk beschränkt, also auf den Schöpfungsbericht von Genesis 1. Innerhalb des Schöpfungsberichts wird dann noch einmal unterschieden zwischen der Schöpfung der rohen Materie aus nichts[23] am ersten Schöpfungstag und den Schöpfungswerken der folgenden fünf Tage, bei denen etwas „ex materia" hervorgebracht und gestaltet wird und so die Welt ihre Gestalt empfängt.

Auch zur Schöpfungslehre kurz und bündig nur so viel. Wir werfen hier nur im Vorbeigehen einen Blick auf sie – die Dinge, die für unsere Frage nach dem Handeln Gottes im Verhältnis zur wissenschaftlichen Kosmologie von Interesse sind, spielen sich nicht hier ab, sondern in der Lehre von der Vorsehung. Das mag auf

---

[22] Mit dem Reden von Schöpfung im uneigentlichen Sinn sind alle jene biblischen Sätze und Wendungen gemeint, die von geschichtlichen Taten Gottes in der Terminologie der Schöpfung reden, also z. B. Jes 43,1: „So spicht der Herr, der dich *geschaffen* hat, Jakob, und dich *gemacht* hat, Israel"; ebenso auch sonstiges präsentisches Reden vom Schöpferhandeln Gottes. Ob es gut und angemessen ist, diese biblische Verwendung der Schöpfungsterminologie als „uneigentlich" einzustufen, ist eine andere Frage, die wir hier nicht weiter verfolgen können; ich denke, man verbaut sich damit wichtige Perspektiven.

[23] Nicht aus „dem Nichts"! Es wird ausdrücklich vermerkt, dass dieses „nichts" als „nihil pure negativum" gemeint sei, also nicht als ein verkapptes Etwas.

den ersten Blick etwas seltsam erscheinen, ist aber eigentlich ganz klar: An eine Erschaffung aus nichts kommt die Kosmologie sowieso nicht heran – siehe Quantenvakuum! –, schon aus methodischen Gründen nicht; insofern ist die theologische Schöpfungsaussage in der Gestalt der altprotestantischen Lehrbildung sozusagen ohne naturwissenschaftliche Konkurrenz. Die Konkurrenz entsteht ja gerade da, wo es um die Gesetzmäßigkeit der Vorgänge geht; das aber setzt voraus, dass die Welt da ist, in der diese Vorgänge ablaufen, und damit sind wir bereits mitten drin im Bereich der Lehre von der Vorsehung, von dem Handeln Gottes, mit dem er das Dasein der Schöpfung begleitet und leitet.

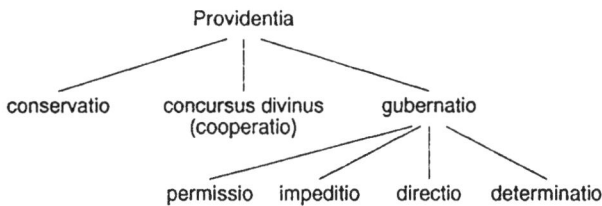

*Abb. 3: Die Einteilung der Vorsehung bei J. F. KÖNIG*

Das Vorsehungshandeln Gottes wird in der altprotestantischen Dogmatik dreifach unterteilt (siehe Abb. 3) in Erhaltung (conservatio), Mitwirkung (cooperatio, concursus) und Lenkung (gubernatio – die Tätigkeit des Steuermanns). Man sollte sich diese Einteilung wohl nicht vorstellen im Sinne von drei getrennten Arten des Wirkens Gottes, sondern es handelt sich um eine begriffliche Unterscheidung, die dazu dient, sich verschiedene Aspekte des einheitlichen Wirkens Gottes klar zu machen.

Was mit „Erhaltung" gemeint ist, dürfte klar sein: Vorausgesetzt ist, dass die Welt keinen Augenblick länger bestehen würde, wenn sie nicht von Gott ständig im Dasein erhalten würde. Die Welt hat ihr Sein nur als ein von Gott verliehenes, sie kann nicht aus sich selbst Bestand haben. Diese Betrachtung liegt nicht auf der Ebene, auf der man danach fragt, wie die Prozesse in der Welt aufgrund der Naturgesetze weiterlaufen werden und ob also in diesem Sinn die Welt weiterbestehen wird, sondern diese Betrachtung liegt gewissermaßen noch eine Ebene tiefer: es ist die Frage, ob da überhaupt noch eine Welt wäre, in der naturgesetzliche Abläufe stattfinden. Und die christliche Lehre antwortet: Das hängt gänzlich vom erhaltenden Wirken Gottes ab, in dem er der Welt von Augenblick zu Augenblick ihr Dasein gibt.

Der dritte Gesichtspunkt, die Lenkung, ist auf die Zukunft gerichtet: Gott lenkt die Welt auf das Ziel hin, das er sich vorgenommen hat. In allem, was in der Welt geschieht, ist Gott gegenwärtig als der, der das Geschehen steuernd in der Hand hat; alles, was geschieht, untersteht der Entscheidung Gottes; so kommt er am Ende mit der Welt zu seinem Ziel. Dieses lenkende Wirken Gottes ist nochmals in vier verschiedene Weisen eingeteilt, auf die wir aber hier nicht näher eingehen wollen.

Der für unsere Frage nach dem Zusammenhang von Handeln Gottes und Naturgesetz wichtigste Aspekt ist der zweite, die Lehre vom concursus divinus, vom Mitwirken Gottes im Wirken der Geschöpfe. Was ist damit gemeint?

F. J. KÖNIG definiert das in einem sehr kompakten und komplizierten Satz: „Der concursus ist der Akt der göttlichen Vorsehung, in dem Gott mit einem allgemeinen Einfluss auf die Aktionen und Wirkungen einer Zweitursache, als solche, durch sich selber, unmittelbar und zugleich mit ihr und gemäß der Notwendigkeit einer jeden, sanft Einfluss nimmt"[24]. Der nachfolgende Satz stellt dann noch fest, dass dieser concursus der Sache nach mit der Allgegenwart Gottes zusammenfällt[25]. Wir müssen diesen verklausulierten Definitionssatz etwas auseinandernehmen, um ihn zu verstehen:

Zunächst ein Hinweis zum Begriff der Zweitursache: diese ist nicht ein Glied in einer Kette von erster, zweiter, dritter usw. Ursache, sondern Element der zweigliedrigen Gegenüberstellung von Erstursache und Zweitursachen, wobei bei der Erstursache an Gott als den Schöpfer gedacht ist, der den geschaffenen Dingen überhaupt erst die Fähigkeit zu kausalen Wirkungen verliehen hat und dessen Mitwirkung und Kraft jede einzelne Kausalwirkung der geschaffenen Dinge erst möglich macht, während die Zweitursachen die geschaffenen Dinge in ihrem kausalen Wirken sind.

Es geht also in der Definition des concursus divinus um Gottes Mitwirken bei den Kausalvorgängen, die durch geschaffene Dinge ausgelöst werden. Wo immer geschaffene Dinge ursächlich Wirkungen hervorbringen, da wirkt Gott mit. Und die Art und Weise dieses Mitwirkens Gottes ist es nun, zu deren möglichst präziser Erfassung und Bestimmung die verklausulierte Formulierung dienen soll: Es geht zunächst einmal um einen *actus*, also nicht um etwas, das irgendwie passiert oder aus Gott hervorgeht, sondern um einen gezielten willentlichen Akt Gottes. Bei diesem Akt handelt es sich um eine *allgemeine* Einflussnahme Gottes, die bei allen Aktionen geschaffener Dinge gegeben ist, nicht um ein spezielles Eingreifen Gottes in diesem oder in jenem Fall. Gott lässt diesen Einfluss *durch sich selber* gesche-

---

[24] Die lateinische Formulierung: „Concursus est actus providentiae divinae, quo deus influxu generali in actiones et effectus causae secundae, qua tales, se ipso immediate et simul cum ea et iuxta exigentiam uniuscuiusque, suaviter influit." (RATSCHOW a. a. O. S. 209).

[25] die damit also als unablässig und überall gegenwärtiges *Tätigsein* und *Wirken* gedacht ist, nicht als ein bloßes ‚Dabeisein'!

hen, er lässt sich also nicht durch andere Wirkinstanzen vertreten. Aber das ist nicht eine ‚sachfremde' Einmischung, mit der Gott die Zweitursachen ‚überfährt', sondern dieser Einfluss bezieht sich ausdrücklich auf die Aktionen und Wirkungen der Zweitursachen *als solche*, d. h. unter Wahrung ihrer Eigenart als Aktionen und Wirkungen der jeweiligen Zweitursache[26]. Dies wird in den letzten Klauseln noch präzisiert: Gottes Einflussnahme geschieht *unmittelbar und zugleich mit* dem Wirken der Zweitursachen, ist also unmittelbar mit diesem gegeben und von diesem gar nicht zu trennen, und sie geschieht *gemäß der Notwendigkeit einer jeden Zweitursache*, also gemäß deren eigener Gesetzmäßigkeit. Gott stülpt also damit den geschaffenen Dingen nicht ein ihnen fremdes Gesetz des Handelns über, sondern er nimmt das Gesetz des Handelns auf, das er in diese hineingelegt hat.

RATSCHOW verweist in seiner Kommentierung darauf, dass sich in diesen diffizilen und vorsichtigen Formulierungen die Auseinandersetzung mit der aufkommenden neuzeitlichen Naturwissenschaft bemerkbar mache. Das ist sicher der Fall. Zugleich sollte man sich aber auch noch einen anderen Zusammenhang deutlich machen, in dem dieses sorgsame Achten auf die unverletzte Eigenart des Seins und Wirkens der geschaffenen Dinge seinen Ort hat; es handelt sich dabei um eine alte Frage der christlichen Schöpfungslehre; in ihr steht immer zweierlei auf dem Spiel:

- Einerseits kann man, wenn Schöpfung wirklich Schöpfung sein soll, nicht einfach so tun, als wäre auch nach der Erschaffung der Welt sozusagen nichts substantiell Seiendes da außer dem ständigen Wirken Gottes, mit dem er die Welt im Dasein hält; sondern wenn Gott etwas geschaffen hat, dann *hat* er das geschaffen, es besteht also und ist als Bestehendes ernst zu nehmen und nicht nur in eine ständige Abhängigkeit von Gott zurückzudrängen.

- Andererseits aber kann man von der Schöpfung des Gottes Israels nur so reden, dass man sich deutlich macht: sie ist abhängig von ihm, jeden Augenblick durch und durch abhängig von der Erhaltung durch ihn.

Wie diese beiden Seiten in ihrer gegenseitigen Spannung angemessen zusammengehalten werden können und müssen, das war schon immer eine wichtige Frage in der christlichen Schöpfungslehre, und das ist auch Thema dieses Lehrpunktes vom concursus divinus. Und die hier gegebene Antwort lautet: Was in der geschaffenen Welt geschieht, beruht *ganz* auf der Eigenständigkeit der geschaffenen Dinge, und es ist zugleich *ganz* ein unmittelbares und gezieltes Handeln Gottes, das seinem Willen und seiner Verfügung unterliegt. Mit *allem* Geschehen in der Welt verhält sich das so; nicht mit irgendwelchen Ausnahmen, die man irgendwie namhaft machen kann, auch nicht mit dem Geschehen an irgendwelchen ausgezeichneten Stellen, wo die Naturgesetze das vielleicht zulassen – in *allem*, was sich an weltlicher Ursächlichkeit abspielt, ist Gottes gezieltes Handeln ganz präsent.

---

[26] Diese Einflussnahme Gottes ist also nicht im Sinne eines ‚Interventionismus' gedacht!

## 5. *Was diese altprotestantische Lehre leistet*

Ich habe soeben in der Explikation schon deutlich zu machen versucht, was diese Lehre leistet: eine strenge Verknüpfung der Eigenständigkeit des agierenden Geschöpfes mit einer unmittelbaren und ständigen Einwirkung Gottes auf das Geschehen; dieses beides wird durchgreifend aufeinander bezogen und miteinander verbunden.

Nichts geschieht ohne das aktive Handeln Gottes, aber dennoch geschieht alles sozusagen ‚nach Art des Geschöpfes'. Nicht erst in der Ausnahme, sondern in *allem* Geschehen ist Gott unmittelbar am Werk. Aber sein Wirken geschieht verborgen, ist unmittelbar mit dem natürlichen Wirkungszusammenhang verbunden und nicht von ihm abzuheben.

Im Verhältnis zur naturwissenschaftlichen Sicht der Welt ergibt sich daraus:

- Man kann von dieser theologischen Sicht her am Geschehen nicht einen theologischen und einen naturwissenschaftlichen Anteil voneinander abheben. Vielmehr wird man einen zusammenhängenden naturwissenschaftlichen Faden durch das ganze Geschehen ziehen können *und* man wird einen ebenso zusammenhängenden theologischen Faden durch das ganze Geschehen voraussetzen können. Zwar bleibt der letztere für uns immer wieder auf weite Strecken insofern unklar, als wir Gottes Absichten mit dem einzelnen Geschehen, den göttlichen Sinn dieses Geschehens, nicht durchschauen; aber dennoch gilt für alles Geschehen und damit auch für seinen Gesamtzusammenhang: es steht unter dem unmittelbaren Walten Gottes und unterliegt seinem Willen.

- Die naturwissenschaftliche Sicht der Welt kann so anerkannt werden, wie sie ist, auch in ihrer Abgegrenztheit gegenüber der theologischen Aussage. Sie muss nicht theologisch vereinnahmt oder aufgefüllt werden.

- Zugleich wird die naturwissenschaftliche Sicht der Welt aber gründlich hinterleuchtet, relativiert und in einen umfassenderen Zusammenhang des Geschehens eingebettet, indem gesagt wird: hier läuft nicht einfach ein sich selber überlassenes Weltgeschehen ab, sondern was hier geschieht, steht unter der Regierung Gottes.

- Das alles ist bei dieser Lehre vom concursus divinus überhaupt nicht davon abhängig, dass die Naturwissenschaft nicht deterministisch sei! Mit einer solchen Lehre hätte man gut und gerne im 19. Jahrhundert auch mit dem Determinismus und dem wissenschaftlichen Materialismus klar kommen können, ohne auch nur ein bisschen von der Wahrheit preiszugeben, dass Gott der Herr des Geschehens in der Welt ist!

- Einen kritischen Punkt im Verhältnis zum wissenschaftlichen Denken muss man allerdings vermerken. Es gibt hier schon etwas, was diesem Denken gegen den

Strich geht – das hängt mit ‚Occams Rasiermesser'[27] zusammen: In dieser alt-protestantischen Lehre von der Vorsehung und speziell vom concursus divinus wird die naturwissenschaftlich fassbare Seite des Geschehens zusammengebunden mit einer darüber hinausgehenden theologischen Seite des Geschehens. Und es ist natürlich schon die Frage, ob eine Naturwissenschaft sich das gefallen lässt, auch wenn man nicht das Ansinnen an sie stellt, sie selbst müsse diese andere Seite auch in ihr Denken einbeziehen. Sie kann sich auch auf den Standpunkt stellen, es sei besser und konsequenter, das ‚Hinzudichten' naturwissenschaftlich nicht isolierbarer und fassbarer Ursachen zu unterlassen, zumal dann, wenn für das naturwissenschaftliche Erklärungsbedürfnis die naturwissenschaftlich namhaft gemachten Ursachen völlig ausreichen[28]. Vertreter einer solchen Haltung werden nicht nur um die Reinheit der Naturwissenschaft von theologischen Einmischungen kämpfen, sondern werden sich gegen jegliches Reden vom Wirken Gottes wenden, das sich auf die Wirklichkeit der Welt bezieht und sich nicht in die Privatsphäre frommer Gefühle zurückzieht.

Es gibt hier also durchaus noch etwas durchzukämpfen! So sehr uns diese Lehre vom concursus divinus einleuchten mag, so gut ihre Denkstruktur und ihre Aussage mit einem ernsthaften Sich-Einlassen auf naturwissenschaftliche Erkenntnis und naturwissenschaftliches Denken verknüpfbar sein mag – das Gelände, das sie in Anspruch nimmt, bleibt uns nicht kampflos überlassen.

## 6. Was unsere Situation bestimmt

Um uns einige der Faktoren bewusst zu machen, die unsere heutige Situation im Verhältnis zwischen christlichem Glauben und Naturwissenschaft bestimmen, gehen wir aus von der Frage, warum diese altprotestantische Lehre von der Vorsehung so weitgehend vergessen zu sein scheint.

Dafür gibt es mancherlei Gründe. Zunächst einmal ist darauf hinzuweisen, dass der gesamte Lehrtypus altprotestantischer Dogmatik als solcher sich im Laufe des 18. Jahrhunderts weitgehend auflöste und schon im 19. Jahrhundert eigentlich nur noch als ein Stück konservativen Erbes vorhanden war. Er war stark an das Wissenschaftsverständnis und die Verfahrensweisen der Barockscholastik gebunden und konnte sich im Fortgang des wissenschaftlichen Denkens und des Lebensgefühls

---

[27] Ein Grundsatz wissenschaftlichen Denkens, der vom Mittelalter bis zur Gegenwart wirksam ist: „entia non sunt multiplicanda sine necessitate" – man soll in einer wissenschaftlichen Theorie (oder auch im vernünftigen Denken überhaupt) nicht mehr eigenständige Sachverhalte behaupten als unbedingt nötig.

[28] Siehe das NEWTON-Zitat, das PETER W. ATKINS seinem Buch „Schöpfung ohne Schöpfer" (The Creation, Oxford 1981; dt. Reinbek 1984) in dieser Absicht als Motto vorangestellt hat: „Die Natur ist nämlich einfach und schwelgt nicht in überflüssigen Ursachen der Dinge."

zur Aufklärung hin nicht behaupten. Andere Perspektiven, Fragestellungen und Denkansätze drängten sich in den Vordergrund.

Gerade vom unterschiedlichen Denkansatz her gelang auch die Vermittlung zwischen diesem theologischen Lehrtypus und dem naturwissenschaftlichen Denken auf die Dauer nicht mehr.

Insofern gibt es also durchaus ernsthafte und triftige Gründe, nicht dem Wunsch nachzuhängen, man könnte jenen Lehrtypus einfach so, wie er damals war, für heute wieder aufnehmen und neu beleben.

Der Gedanke der Vorsehung spielte dann zwar im Zuge der Aufklärung auf zweierlei Weise eine bedeutende Rolle, aber in beiderlei Hinsicht unter wesentlich veränderten Perspektiven und Fragestellungen:

• Zum einen in der sogenannten Physikotheologie, die die Weisheit des Schöpfers in der Betrachtung der Ordnung und Zweckmäßigkeit der Natur[29] vor Augen führte; hier war das Interesse ganz auf die geordnete und zweckmäßige *Anlage* der Dinge gerichtet, und die von der concursus-Lehre thematisierte Frage nach der Verknüpfung von geschaffener und wirksam werdender Anlage einerseits und dem unmittelbaren gegenwärtigen Wirken Gottes andererseits war hier kein Thema.

• Zum andern geschah das in der Frage, ob Gott sich persönlich um das Schicksal des einzelnen Menschen kümmere; unter dieser Frage fiel die Vorsehung mit persönlicher Führung und Bewahrung zusammen, es ging also um eine *providentia specialis* oder *specialissima*, die sich um den einzelnen Menschen kümmert und nicht nur gesetzmäßig die Welt als ganze im Blick hat. Und wer dafür Argumente sammelte, der dachte natürlich nicht über die allgemeinen Zusammenhänge des Weltgeschehens mit dem Handeln Gottes nach, sondern suchte nach außergewöhnlichen Erfahrungen von Bewahrung und Führung, die zu auffallend waren, als dass man sie allzu schnell einer ‚natürlichen Erklärung‘ anheimstellen mochte; die Besonderheit solcher Erfahrungen sollte deutlich machen: da hat Gott sich ganz persönlich um einen Menschen und sein Schicksal gekümmert[30]. Hier ist der Gedanke der Vorsehung also vorwiegend mit außergewöhnlich erscheinenden Vorgängen verknüpft, nicht mehr so unmittelbar mit der Gesamtheit des Weltgeschehens wie in der altprotestantischen Lehre. Der Bereich der Frömmigkeit wird hier zum Bereich besonderer persönlicher

---

[29] Meist geschah das in der Vertiefung in einzelne Naturerscheinungen, vielfach auch solche unscheinbarer Art; so gab es theologische Betrachtungen über den Donner, über Schnecken, Insekten usw.

[30] In der Erbauungsliteratur werden bis in unsere Zeit viele solcher Führungs- und Bewahrungsgeschichten weitergegeben.

Erlebnisse und koppelt sich ab von der Gesamtheit dessen, was in der Welt geschieht.

In beiden Fällen ist also gerade das, was uns an der altprotestantischen Lehre vom concursus divinus für unsere Fragestellung wesentlich erschien, nicht mehr im Blickfeld: die untrennbare Zusammengehörigkeit von gesetzmäßigem natürlichem Geschehen und dem unmittelbaren und willentlichen Handeln Gottes in der Gesamtheit des Weltgeschehens.

Im weiteren Fortgang verfestigt sich dann die uns heute wohlbekannte Konstellation: wo man Gesetze für das Geschehen verantwortlich machen kann, denkt man sich das Geschehen als ohne ein Handeln Gottes ablaufend; und wenn man von einem konkreten Handeln Gottes reden will, meint man die passenden Lücken der Gesetze aufsuchen oder eben von einer Durchbrechung dieser Gesetze reden zu müssen.

Mit dieser ‚kosmologischen' Seite der Entwicklung des Denkens verbindet sich noch ein Umschwung auf anderer Ebene: die Frömmigkeit wendet sich von der Bemühung um ein exaktes Denken ab, bzw. sie macht geltend, dass die Wirklichkeit, auf die sich der Glaube gründet und bezieht, nicht im Geflecht unserer wissenschaftlichen Erkenntnisse über die Welt gefunden und dingfest gemacht werden kann. Die Frömmigkeit wendet sich dem Erlebbaren zu, nicht mehr dem Denkbaren. Die Romantik, die sich vom Rationalismus und vom Streben der Aufklärung nach Allgemeingültigkeit abwendet und das Individuelle, Historische und Unableitbare hochschätzt, hat hier ihre religiöse und theologische Seite. Diese neue Wendung der Romantik fördert reiche Schätze zutage; hier werden wichtige Aspekte des Lebens und des Glaubens wahrgenommen, die mit den Denkgewohnheiten der älteren Lehre oder der Aufklärung nicht gut zu fassen waren. Andererseits wird im Gefolge dieser Wendung zwar viel über das Verhältnis von Religion und Wissenschaft (als verschiedenen Kreisen menschlichen Lebens und Verhaltens) nachgedacht, aber es geht die Möglichkeit verloren, klare Aussagen über das Verhältnis zwischen Gottes Wirken und dem Weltgeschehen in einem objektiven Sinn zu formulieren.

Die Motivation für diesen Rückzug der Frömmigkeit aus dem Bereich objektiven Denkens ist verständlich und hat durchaus ihre positiven oder zumindest begründeten Seiten: die Bevorzugung der Konkretheit gegenüber der Abstraktion, der Unmittelbarkeit des gelebten Lebens gegenüber der konstruierenden Ableitung allgemeiner Sätze; das Sich-Einlassen darauf, dass Glaubenswahrheit nur im Ernstfall des eigenen persönlichen Lebens und seiner konkreten Situationen erfasst und zur Geltung gebracht werden kann; auch das Bestreben, der Religion und dem Glauben ihre Eigenständigkeit gegenüber der um sich greifenden Wissenschaft zu wahren.

Aber der Preis, der dafür bezahlt wurde, ist hoch: die Wirklichkeitssicht des Glaubens kann auf dieser Basis nur noch als eine subjektive Sicht zur Darstellung gebracht werden; sie konnte darum seit etwa 200 Jahren von Theologie und Kirche kaum noch auf einer objektiven Ebene in Beziehung zur Weltsicht der Naturwissenschaften gesetzt werden. Um dies tun zu können, bräuchte man eben auch jenes Streben nach einem klaren und exakten Durchdenken der *objektiven* (!) Zusammenhänge, dem die Frömmigkeit und die Theologie in diesen 200 Jahren weitgehend ausgewichen sind. Wenn Naturwissenschaft eine Sache klaren und scharfen Denkens ist und – in Verbindung mit ihren eindeutigen empirischen Meßmethoden – *darauf* ihren Realitätsbezug und Geltungsanspruch begründet, dann muss nun einmal jeder, der sich inhaltlich mit ihr auseinander zusetzen hat, und darum auch eine christliche Gemeinde, die angesichts einer solchen Naturwissenschaft leben und die ihr aufgetragene Botschaft ausrichten will, sich dieser Aufgabe eines scharfen Denkens unterziehen[31].

## 7. Worauf es für uns ankommt

Zunächst ist das Fazit unseres Durchgangs durch die Frage nach dem Verhältnis von gesetzmäßigem Naturgeschehen und freiem Handeln Gottes zu formulieren und festzuhalten:

Wir haben einerseits gesehen, dass wir einige gewichtige Dinge von der Lehrbildung altprotestantischer Theologie in Hinsicht auf ein angemessenes Reden von den Werken Gottes und in Hinsicht auf den Zusammenhang zwischen Wirken Gottes und Weltgeschehen lernen können. Was es hier zu lernen gibt, das liegt auf einer Linie mit dem, was wir uns zuvor anhand einiger biblischer Zusammenhänge klar gemacht haben: freies und gezieltes Handeln Gottes einerseits und ein nach vorgegebenem Gesetz ablaufendes Welt- und Naturgeschehen andererseits sind nicht als zwei voneinander getrennte oder gar gegensätzliche Sachverhalte anzusehen, sondern als ineinanderliegend, als zwei Seiten derselben Sache. Dieses Ineinander aber ist so auszusagen, dass deutlich wird: es ist damit nicht die Aufhebung des freien Handelns Gottes in ein von Gott abgelöstes und in sich selbst funktionierendes gesetzmäßiges Weltgeschehen gemeint, Gott ist dabei nicht der Sklave der Gesetze oder nur ein frommer Name für sie, sondern er ist der Herr des Geschehens und seiner Gesetze.

---

[31] Natürlich geht es nicht darum, dass jedes Glied der christlichen Gemeinde zum scharfen Denker werden und sich mit den Naturwissenschaften auseinandersetzen müsste! Aber es sind Glieder der Gemeinde nötig, die das tun, und zwar nicht nur im eigenen Privatinteresse, sondern im Namen der Gemeinde zu deren Orientierung und Hilfe und zur öffentlichen Klärung des Verhältnisses zwischen dem Glauben der Christenheit und dem Denken der Naturwissenschaft. Dieser Dienst ist für den Glauben und die Frömmigkeit der Gemeinde keineswegs gleichgültig und das dabei nötige scharfe Denken dem Glauben und der Frömmigkeit keineswegs fremd und unnütz!

Wir haben andererseits gesehen: die Auflösung dieser objektiv gedachten Einheit und überhaupt die Abwendung der Frömmigkeit und Theologie von einem objektiven und exakten Denken hat Gründe und steht in Zusammenhängen, die durchaus ernst zu nehmen sind und wichtige Anliegen zum Zuge gebracht haben und die darum nicht wieder verloren gehen sollten. Nichtsdestoweniger war der weitverbreitete Verzicht darauf, die Wahrheit des Glaubens als eine objektive zu vertreten und darum auch unmittelbar mit dem exakten Denken der Naturwissenschaften in Beziehung zu setzen, eine höchst problematische Fehlentscheidung und ein untragbarer substantieller Verlust für den christlichen Glauben.

So stehen wir also vor der Aufgabe, an diesem Punkt wieder neu zu fragen und zu lernen und unser Denken und Verhalten zu ändern. Dabei kann uns der Blick auf ältere Formen christlicher Lehre hilfreich sein, aber wir können die inzwischen abgelaufene Geschichte nicht überspringen oder ignorieren, sondern müssen ihre Erträge ernst nehmen und unsere Erkenntnis auf diese veränderte Situation hin formulieren. Die Frage lautet also: Wo und wie wird uns heute die Gegenwart des Handelns Gottes im Weltgeschehen deutlich und fassbar; wie leitet uns die Bibel zum Verstehen des Weltgeschehens angesichts unserer heutigen Situation an, und wie können wir davon so reden, dass in unseren Aussagen

- die auseinandergedrifteten Sphären von persönlicher Frömmigkeit und und menschlicher Lebensfreude, Lebenslast und Lebenssehnsucht einerseits und von exaktem objektivem Denken andererseits unter der Frage nach der Wahrheit wieder neu und produktiv miteinander verknüpft werden, sodass wissenschaftliches Denken und persönlicher Glaube davon gleichermaßen angesprochen und wirklich berührt werden;

- die Einheit zwischen Gottes freiem Handeln und der Gesetzmäßigkeit des Weltgeschehens deutlich und verständlich wird;

- zugleich aber auch das Gegenüber Gottes zu der von ihm geschaffenen Welt und seine Herrschaft über sie deutlich und verständlich wird und bleibt;

- eben damit der Raum offen bleibt für das besondere Handeln Gottes, das nicht in der Gesetzmäßigkeit des Weltgeschehens aufgeht.


Ich schließe, indem ich mit einigen locker aneinandergereihten Thesen grob einige elementare Eckmarken im Rahmen dieser Fragestellung und in der Linie unserer bisherigen Überlegungen zu formulieren versuche. Die ersten vier Thesen beschäftigen sich mit der Frage der Herrschaftsverhältnisse in der Beziehung zwischen Naturwissenschaft und Glaube, weitere vier mit der Beziehung zwischen dem christlichen Glauben und den wissenschaftlichen Kosmologien:

- Wenn man vom biblischen Schöpfungsglauben ausgeht, dann gilt der Satz: Gott ist der Herr der Wirklichkeit.

- Gerade von diesem Ausgangspunkt her gilt aber ebenso: Glaube und Theologie sind weder Herr der Wirklichkeit noch Herr der Naturwissenschaft.

- Und umgekehrt: Die Naturwissenschaft ist weder Herr der Wirklichkeit noch Herr des Glaubens oder der Theologie. Es kann hier also nicht das Motto gelten: „Zuerst kommen die Naturwissenschaften und sagen, wie die Dinge sind, und dann dürfen Christen nach Belieben noch etwas Sekundäres und Subjektives zusätzlich sagen, sofern es dazu passt". Eine solche Rangfolge ist mit diesem Satz ebenso zurückgewiesen wie mit dem vorigen Satz theologische Herrschaftsansprüche zurückgewiesen sind.

- Gott aber ist Herr des Glaubens, Herr der Theologie und Herr der Naturwissenschaft – und das auch da, wo die beteiligten Menschen dies gar nicht wissen oder bedenken und gar nicht an ihn glauben; genau so, wie er auch sonst Herr aller Wirklichkeit ist.

Dies zunächst allgemein zum Verhältnis zwischen Naturwissenschaft und Glaube. Nun noch vier Thesen speziell im Hinblick auf die Frage der Kosmologien:

- Unsere Kosmologien vermögen uns nicht zum Gott der Bibel zu führen. Gott ist nicht durch wissenschaftliche Konstruktion zu postulieren, zu legitimieren oder zu erreichen – nicht als der Gott, als der er sich uns in der Bibel und in ihrer Geschichte bekannt macht.

- Wohl aber können wir im christlichen Glauben die kosmologischen Erkenntnisse der ‚weltlichen' Naturwissenschaft – und nicht nur christliche Erkenntnisse! – ernst nehmen und kritisch integrieren. Dabei gelten beide Begriffe: „kritisch" *und* „integrieren"! Es geht hier weder um ein einfaches und unkritisches Übernehmen und Nachsagen noch um ein eklektisches Filtern oder Abstoßen nach sachfremden Kriterien, noch auch um ein willkürliches Umbiegen und Passend-Machen, sondern tatsächlich um eine kritische Integration. Allerdings: eine solche Integration bedeutet die Einbettung in einen bestimmten Denkrahmen, der anders ist als der einer atheistisch betriebenen Naturwissenschaft und damit auch das Verständnis der naturwissenschaftlich erfassten und formulierten Vorgänge tangiert und gegenüber ihrem Verständnis innerhalb eines atheistischen Denkrahmens verändert!

- Wir können und sollen vom Glauben her dazu beitragen, dass nüchtern und sachgemäß mit den naturwissenschaftlichen Kosmologien umgegangen wird. Auch hier geht es nicht um ein Überstülpen fremder Maßstäbe, sondern darum, dass aus der Perspektive des Glaubens in der Befassung mit den naturwissenschaftlichen Gedanken und Theorien in deren eigenem Kontext Einsichten in deren spezifische Perspektivität, Tragweite und Grenzen entstehen können, die aus einer nur auf sich selbst bezogenen Beschäftigung mit den Naturwissenschaften nicht ohne weiteres hervorgehen.

- Dabei wird unsere kosmologische Erkenntnis nicht außerhalb unserer Beziehung zu Gott bleiben, sondern auch zu unserer Erkenntnis Gottes beitragen. Es gilt zwar, wie oben gesagt, dass unsere kosmologische Erkenntnis uns nicht im biblischen Sinn zu Gott hinführt. Aber wir sehen etwa an biblischen Schöpfungspsalmen, wie das Wissen um die Vorgänge in der Welt – das dabei gar nicht durch eine fromme Brille gesehen sein muss! – eine gewichtige Rolle im Verhältnis des biblischen Menschen zu Gott spielt; dieses Wissen kommt einfach dadurch, dass wir es haben, mit hinein in die Beziehung des Geschöpfs zu seinem Schöpfer, in die Beziehung des Herausgerufenen in dieser Welt zu dem, der ihn rief. Das gilt auch im Blick auf unsere modernen kosmologischen Erkenntnisse.

Die letzten Sätze machen zugleich deutlich, dass es sich bei all dem, was sich in der Beziehung zwischen dem christlichen Glauben und den Naturwissenschaften abspielt, nicht einfach um eine thetische Verhältnisbestimmung handelt, die man in einen Satz fassen kann, sondern diese Beziehung hat ihrem wahren Sinne nach die Gestalt eines *Weges:* wir gehen einen Weg in den Naturwissenschaften, und wir gehen einen Weg im Glauben; dies beides geschieht in wechselseitiger Beziehung, nimmt wechselseitig Einfluss aufeinander und fügt sich zusammen zu dem *einen* Weg des Menschen vor Gott.

Johannes Knöppler

# Welt ohne Schöpfer ?
## Theologische Implikationen moderner Kosmologie[*]

## 1. Welt ohne Anfang

Der Arbeitsbereich in der modernen Physik, den man Kosmologie nennt, und der von der physikalischen Beschreibung des Universums in Raum und Zeit handelt, gehört wohl zu den schwierigsten Kapiteln der gegenwärtigen Forschung und ist wegen der Kompliziertheit und Abstraktion der für dieses Vorhaben notwendigen Theorien (wie die Allgemeine Relativitätstheorie und die Quantenfeldtheorie) für einen mit anderen Themen befassten Naturwissenschaftler nur sehr schwer und für einen Laien so gut wie überhaupt nicht zugänglich. Dank der Bemühungen einiger kosmologischer Experten, ihre Erkenntnisse in eine allgemeinverständliche Darstellung zu übertragen, ist die Existenz dieses Arbeitsgebietes jedoch der Öffentlichkeit nicht verborgen geblieben. So ist etwa der Begriff „Urknall" zum festen Bestandteil unserer Sprache geworden, (ohne dass damit schon klar wäre, ob auch der mit diesem Ausdruck gemeinte Sachverhalt zum Allgemeingut geworden ist).

Nun hat gerade in jüngster Zeit aufgrund eines gestiegenen wissenschaftlichen Interesses, das seinen Grund auch in der inzwischen engen Verknüpfung von Elementarteilchen- und Astrophysik hat, und aufgrund einer Zunahme von Arbeiten in diesem Gebiet die Kosmologie eine rasante Entwicklung durchgemacht. Um die neu gewonnenen Erkenntnisse einem breiteren Publikum zugänglich zu machen, trat der theoretische Physiker STEPHEN W. HAWKING im Frühjahr 1988 mit seinem Buch „A Brief History of Time" an die Öffentlichkeit, das bald darauf schon auf Deutsch unter dem Titel „Eine kurze Geschichte der Zeit – Die Suche nach der Urkraft des Universums" erschien. Allerdings handelt es sich nicht um eine zurückhaltend sachliche und unparteiische Darstellung gesicherter Erkenntnisse und gegenwärtig diskutierter Fragen, sondern – wie HAWKING ausdrücklich bemerkt – um

---

[*]     Dieser Beitrag wurde zuerst veröffentlicht im Materialdienst der Evangelischen Zentralstelle für Weltanschauungsfragen, 54. Jg. 1991, Nr. 12, S. 345-353. Der erneute Abdruck an dieser Stelle geschieht mit freundliche Genehmigung des Autors und der EZW.

eine Schilderung aus seiner Perspektive, die Meinungen einschließt, von denen er seine Kollegen noch zu überzeugen versucht, die Vorschläge und Vermutungen enthält, für die es noch keine Möglichkeit der Überprüfung gibt, und die Hoffnungen deutlich werden lässt, die auf einer persönlichen Einschätzung der Forschungssituation beruhen. Die Leidenschaft, mit der HAWKING seine Untersuchungen betreibt und die Erkenntnisse über das mit Gewissheit Feststellbare hinaus entfaltet, haben ihre Ursache sicher auch in der Tragik seiner eigenen Existenz: Er leidet seit über 20 Jahren an einer fortschreitenden, unheilbaren, tödlichen Nervenerkrankung, ist an den Rollstuhl gefesselt, bedarf ständig der Hilfe anderer und kann sich nur noch mittels eines Sprachcomputers mit seinen Mitmenschen unterhalten.

Betrachtet man die über sein Buch verstreuten Aussagen, die den wissenschaftlichen Rahmen überschreiten, so entdeckt man Sätze von außerordentlicher theologischer Brisanz, die in der These gipfeln:

*Es könnte sich herausstellen, dass die physikalisch vollständige und konsistente Beschreibung unseres Universums die Existenz eines Schöpfers ausschließt.*

Diese These setzt sich zusammen aus der Feststellung, dass die von HAWKING formulierte sogenannte „Keine-Grenzen-Bedingung" keinen Platz mehr für einen Schöpfer lässt, und der Ungewissheit, ob sich eine aus dieser Bedingung abgeleitete Theorie gegenüber konkurrierenden in einem wissenschaftstheoretischen Sinn als die beste erweist.

Die Entwicklung, die zur Formulierung der „Keine-Grenzen-Bedingung" geführt hat, beginnt für HAWKING mit seiner Arbeit über Singularitäten. Das sind Zustände, in denen die gewöhnlich zur Beschreibung von Systemen verwendeten physikalischen Parameter unendlich große Werte annehmen. (Bezogen auf den Urknall bedeutet dies eine unendlich große Materie- bzw. Energiedichte bei unendlich hoher Temperatur und unendlich geringem Volumen, die sich explosionsartig auszudehnen beginnt.) 1970 konnte HAWKING zusammen mit PENROSE zeigen, dass es eine Urknall-Singularität gegeben haben muss, wenn die Allgemeine Relativitätstheorie stimmt und das Universum nur soviel Materie enthält, wie man beobachten kann, nicht aber zusätzlich mit noch größeren Mengen an „dunkler" unbeobachtbarer Materie erfüllt ist, die die gegenwärtig messbare Expansion des Universums abbremsen und in ferner Zukunft wieder zur Kontraktion führen könnte. Sie kamen außerdem zu der Erkenntnis, dass bei sehr hoher Dichte und extrem starkem Gravitationsfeld, wie es beim Urknall angenommen wird, die Gravitationseffekte der Quantenmechanik nicht mehr außer acht gelassen werden können, während die Gravitation bei normaler Materiedichte gegenüber den auf der Skala der Elementarteilchen wirksamen physikalischen Grundkräften so gering ist, dass sie weggelassen werden kann. Die Beschreibung dieses singulären Zustands erfordert deshalb eine Theorie, welche die Allgemeine Relativitätstheorie und die Quantenmechanik vereinigt (Quantentheorie der Gravitation oder „Quantengravitation"). Obwohl es noch keine vollständige und widerspruchsfreie Theorie dieser Art gibt, sind einige ihrer Eigenschaften bekannt. Der Versuch, unter diesen Voraussetzungen eine quantengravitative Beschreibung für den Anfangszustand des Universums zu finden, führte HAWKING auf eine Raumzeit – so nennt man den abstrakten vierdimensionalen Raum, der aus der Zusammenfassung der drei Raumkoordinaten und der Zeitkoordinate besteht – in der Raum und Zeit ununterscheidbar werden. Die vier Koordinaten lassen sich dann nicht mehr eindeutig Raum und Zeit zuordnen. Raum und Zeit bilden in dieser Darstellung eine gemeinsame Fläche von endlicher Größe, aber ohne Rand, d.h. ohne Anfang und ohne Ende, vergleichbar (in zwei Dimensionen) der Erdoberfläche, die in der Ausdehnung endlich ist und keinen Rand besitzt. Für eine Welt ohne Anfang und ohne Ende in Zeit und Raum gilt aber: „Das Universum wäre völlig in sich abgeschlossen und keinerlei äußeren Einflüssen unterworfen. Es wäre weder erschaffen, noch zerstörbar. Es würde einfach SEIN."[1]

HAWKING betont ausdrücklich, „dass die Vorstellung von einer endlichen Raumzeit ohne Grenzen nur ein Vorschlag ist"[2], der einer Prüfung an Beobachtungsdaten bedarf. Dieses Unternehmen ist aus mehreren Gründen ein sehr schwieriges Unterfangen:

*   es gibt noch keine konsistente Theorie der Quantengravitation,
*   die Ableitung von überprüfbaren Vorhersagen geht nicht ohne zusätzliche Annahmen und Näherungen,
*   es gibt nur sehr wenige Beobachtungsdaten über die Frühzeit des Universums.

Da es völlig offen ist, ob es jemals zu einer prüfbaren Quantentheorie der Gravitation kommen wird, die sich in Verbindung mit der „Keine-Grenzen-Bedingung" als anerkannte physikalische Beschreibung der Anfangszeit des Universums durchsetzt, muss die theologische Implikation des HAWKING'schen Ansatzes notwendig als Möglichkeit formuliert werden:

*Wenn* sich eine auf der Grundlage der „Keine-Grenzen-Bedingung" entwickelte kosmologische Theorie als die wissenschaftlich beste Beschreibung der astrophysikalischen Beobachtungsdaten etabliert,

*dann* wird alle Rede von Gott als dem Schöpfer der Welt (im Sinn einer creatio originans) nur noch im logischen Widerspruch zur herrschenden wissenschaftlichen Überzeugung geschehen können.

---

[1] S. W. HAWKING, Eine kurze Geschichte der Zeit. Die Suche nach der Urkraft des Universums, Hamburg 1988, S. 173.

[2] Ebd., S. 174.

## 2. Welt ohne Ursache

BERNULF KANITSCHEIDER, Professor für Philosophie an der Universität Gießen, diskutierte in einem Vortrag philosophische Aspekte der Entstehung des Universums auf dem Hintergrund der gegenwärtigen kosmologischen Ansätze.[3] Besondere Beachtung schenkte er dabei den Konsequenzen für Metaphysik und Theologie.

KANITSCHEIDER skizzierte zwei mögliche Ansätze zur Beschreibung der Beziehung zwischen Naturwissenschaft und Theologie[4]:

„1. Zwischen den beiden muss ein Argumentationszusammenhang bestehen, denn beide sprechen von der gleichen einen Welt, nur mit verschiedenem Ziel und verschiedenem Interesse.

2. Die metaphysische und die naturwissenschaftliche Sehweise repräsentieren getrennt nebeneinander herlaufende Aspekte der Realität, die gar nichts miteinander zu tun haben. In diesem Fall ist ein Diskussionszusammenhang nicht möglich."

Um eine Verdopplung der Welt oder einen Zerfall der menschlichen Erkenntnis in unzusammenhängende Teilbereiche zu vermeiden, favorisiert er den ersten Ansatz, der auch Grundlage für HAWKINGS Schlussfolgerungen ist. Befragt auf die sich daraus ergebenden Anforderungen an theologische Aussagen über den Ursprung des Universums, forderte KANITSCHEIDER „analytische Fortsetzungen" wissenschaftlicher Erkenntnissätze: Die theologischen Aussagen müssten inhaltlich dort anschließen, wo die wissenschaftlichen Erkenntnisse enden, und die Nahtstelle müsste logisch verträglich sein (z.B. die Angabe einer metaphysischen Ursache für ein kausal-verursachtes, wissenschaftlich aber nicht erklärbares Ereignis). Er ließ außerdem erkennen, dass er mit seinen Ausführungen verhindern will, dass sich „Kreationisten" der kosmologischen Theorien zur Bestätigung von Schöpfungsaussagen bedienen.

Radikaler noch als die HAWKING'sche These lautet das theologisch-bedeutsame Fazit dieses Vortrags:

Alle Rede von der Erschaffung des Universums ist mit jedem der gegenwärtig diskutierten kosmologischen Modelle logisch unverträglich.

Der Urknall ist kein Ereignis in der Raumzeit, das zu einem Zeitpunkt an einem Ort stattfindet, sondern er ist als Anfangssingularität ein Rand der Raumzeit. Da sich im Urknall erst die Raumzeit konstituiert, muss man von einem spontanen akausalen Entstehungsvorgang ohne zeitlichen Vorgänger reden. Damit wird zwar der methodologische Grundsatz der Wissenschaft durchbrochen, keine unerklärbaren

---

[3]  B. KANITSCHEIDER, Gibt es einen absoluten Nullpunkt der Zeit?, in: Praxis der Naturwissenschaften – Physik 4/40 (1991), S. 19-24.

[4]  Ebd., S. 24.

Prozesse einzuführen, aber – so KANITSCHEIDER – da der Begriff des Randes mathematisch so weit geklärt sei, dass man keine kausale Erweiterung durchführen könne[5], und da die Quantenmechanik eine Durchbrechung der klassischen Kausalität erlaube, sei der Gedanke der unverursachten Entstehung eine logisch kohärente Idee. Für die Theorien, die auf der Annahme einer Anfangssingularität beruhen, ergibt sich somit, „dass das Urknall-Modell keine kausale Deutung zulässt derart, dass das Universum aus irgend einem früheren Zustand auf natürliche oder übernatürliche Weise entstanden ist. Dies ist wichtig für jene Autoren, die um theologische Interpretationen bemüht sind, also den Urknall als ein Schöpfungsereignis zu deuten."[6]

Gegen Ende seines Aufsatzes bezieht sich KANITSCHEIDER schließlich auch auf HAWKINGS Buch „A Brief History of Time" und äußert die Überzeugung, dass das HARTLE-HAWKING-Modell „zweifelsohne enorme Bedeutung für Metaphysik und natürliche Theologie" habe, „wenn es der fachwissenschaftlichen Kritik standhalten sollte."[7] HAWKING selber habe die These vertreten, dass Schöpfung im Sinne einer creatio originans in seinem Modell der Quantenkosmologie nicht vorkommen könne. Wie steht es aber mit dem in diesem Zusammenhang von Theologen angemahnten Sachverhalt einer creatio continuans, der permanenten Stützung der gesetzesartigen Struktur der Welt? Die Behauptung eines kontinuierlichen und gegenwärtigen Schöpferhandelns, das die Welt vor dem drohenden Zerfall bewahrt, indem es die Geltung der Naturgesetze aufrecht erhält, wird durch HAWKINGS Überlegungen nicht angefochten. Wohl wissend, dass diese Auffassung in der Auseinandersetzung von Theologie, Wissenschaftstheorie und Naturwissenschaft umstritten ist, wendet KANITSCHEIDER sich aber gegen eine solche Argumentation für einen Schöpfer. „Wissenschaftstheoretiker mit einer naturalistischen Ausrichtung, wie etwa BERTRAND RUSSEL, würden vertreten, dass die Welt und ihre Gesetze einfach existieren und dass sich beides nicht trennen lässt. Wenn eine Welt existiert, dann hat sie eben auch eine bestimmte Gesetzlichkeit. Hätte sie eine andere Gesetzlichkeit, dann wäre die Welt eben anders. So gesehen, ist es schwierig zu verstehen, wie man in einer HAWKING-Welt noch einen Platz für die creatio continuans ausmachen könnte."[8]

---

[5]   B. G. SCHMIDT, A New Definition of Singular Points in General Relativity, in: Gen. Rel. Grav. 1 (1971), S. 269-280.

[6]   KANITSCHEIDER, a. a. O., S. 22.

[7]   KANITSCHEIDER, a. a. O., S. 24.

[8]   KANITSCHEIDER, a. a. O., S. 24.

## 3. Die besondere Herausforderung

In der christlichen Verkündigung hat man sich stets entscheiden müssen, ob man an säkulare Begriffe und Weltbilder anknüpft (vgl. Paulus in Athen, Apg. 17), oder die Glaubensinhalte in bewusster Entgegensetzung zu den herrschenden Weltentwürfen formuliert, um den Gehalt der biblischen Botschaft nicht zu entstellen. Häufig war die Christenheit in dieser Frage gespalten (so heute etwa in der Frage nach dem Verhältnis von biblischem Schöpfungsglauben und naturwissenschaftlichen Entwicklungstheorien). Wenn sich jedoch ein kosmologisches Modell, das einen Schöpfer logisch ausschließt, wissenschaftlich etablieren und populärwissenschaftlich (bis in den Lehrplan der Schulen hinein) weite Verbreitung finden sollte, dann könnte christliche Verkündigung nur noch einmütig in Opposition zu der anerkannten physikalischen Theorie vom Ursprung des Universums geschehen, da es sich beim christlichen Schöpfungsglauben nicht um eine periphere theologische Überzeugung handelt, sondern um einen ganz zentralen Glaubensinhalt, der von Anfang an als unverzichtbar betrachtet wurde.

Tatsächlich handelt es sich bei den Ausführungen von HAWKING und KANITSCHEIDER theologisch wie methodisch um eine besondere Herausforderung. Unter den Bedingungen der großen Fortschritte naturwissenschaftlicher Forschung und einer damit verbundenen, immer massiver werdenden Bestreitung traditioneller schöpfungstheologischer Überzeugungen wurde im auslaufenden 19. und beginnenden 20. Jahrhundert allmählich der Schöpfungsbegriff von der durch die Naturwissenschaften in Beschlag genommenen Natur isoliert. Die Theologie verzichtete weitgehend auf den Aufweis einer Verbindung zwischen Schöpfung und wissenschaftlich verobjektivierter Natur, beschränkte sich darauf, den ersten Artikel des apostolischen Glaubensbekenntnisses hochzuhalten und erreichte so einen friedlich-schiedlichen Zustand der Koexistenz. „Da es theologisch keinerlei Befassung mit dem Wie der Schöpfung gab, war der Streitgegenstand wie weggeschafft; denn die naturwissenschaftliche Bestreitung des Dass der Schöpfung war immer über die Bestreitung des Wie, die Bestreitung von Einzelheiten erfolgt."[9] Für den Konfirmandenunterricht ergab sich der Merkvers: Die Bibel bezeugt, dass Gott die Welt erschaffen hat, die Naturwissenschaften erforschen und beschreiben, wie er sie erschaffen hat. Durch HAWKING erfolgt jedoch erstmalig eine direkte, nicht über irgendwelche Detailfragen vermittelte Bestreitung des Dass der Schöpfung.

Auch in wissenschaftshistorischer Perspektive zeigt sich eine Besonderheit auf dem Hintergrund der Erfahrung, dass man naturwissenschaftliche Theorien bisher nicht mit nur einer einzigen, eindeutigen, mit Notwendigkeit sich ergebenden Wertung und Deutung versehen konnte. Immer waren verschiedene Weltbildentwürfe mög-

---

9     G. LIEDKE, Im Bauch des Fisches, Stuttgart 1979, S. 81.

lich, anhand derer die aktuellen naturwissenschaftlichen Erkenntnisse interpretiert und in einen philosophisch-religiösen Rahmen eingeordnet werden konnten.[10] KANITSCHEIDER bezeichnet es als besondere Stärke der schöpfungsverneinenden Interpretation kosmologischer Theorien, dass ihre Verfechter sich nur der Logik bedienten und auf keine zusätzlichen Annahmen angewiesen seien. Er und HAWKING erheben also entgegen aller historischen Erfahrung den Anspruch, aus den kosmologischen Modellen folge zwingend und ausschließlich die Deutung, dass für einen Schöpfer kein Platz mehr sei.

## 4. Modell und Wirklichkeit

Bevor man sich nun aber auf eine drohende neue Phase der Konfrontation des Schöpfungsglaubens mit der Naturwissenschaft einstellt, bedarf gerade die letzte Behauptung einer kritischen Betrachtung, die das methodische Vorgehen von HAWKING und KANITSCHEIDER unter die Lupe nimmt. Dabei sind zwei Schritte zu verfolgen: Der erste Schritt führt von den Beobachtungen zum kosmologischen Modell und der zweite nimmt das Modell zum Ausgangspunkt philosophischer und theologischer Schlussfolgerungen. Ein physikalisches Modell ist in der Regel ein mathematisches Gerüst, das Beobachtungsdaten in einen strukturellen, als kausal betrachteten Zusammenhang bringt. Als Beobachtungsdaten sind keineswegs alle Arten menschlicher Erfahrung zugelassen, sondern nur reproduzierbare Messungen. Deshalb bildet das Modell über die Einordnung von Daten nur einen begrenzten Aspekt der Wirklichkeit ab. In der Kosmologie tritt diese Einschränkung noch deutlicher zutage, weil das Experiment „Kosmos" nicht beliebig oft unter veränderten Bedingungen wiederholt werden kann, sondern nur eine häufige und mit immer besseren technischen Mitteln durchgeführte Entdeckung und Vergewisserung eines insgesamt einmaligen Prozesses vollzogen wird. Ein Modell ist somit niemals identisch mit der Wirklichkeit, auf die es bezogen ist. Schon die nächste neue Messung kann eine Veränderung oder die Ablösung des Modells durch ein neues erforderlich machen.[11]

Wenn HAWKING im Rahmen seines Modells die Grenzenlosigkeit der vierdimensionalen Raumzeit ableitet, so verwendet er möglicherweise neben dem mehr oder weniger anerkannten Wissen über einige physikalische Zusammenhänge nur die Gesetze der Logik. Wenn HAWKING aber seine Ableitung mit der Realität gleichsetzt, vollzieht er einen philosophisch umstrittenen, von erkenntnistheoreti-

---

[10] H. HEMMINGER, Über Glaube und Zweifel: Das New-Age in der Naturwissenschaft, in ders. (Hrsg.), Die Rückkehr der Zauberer, New-Age – Eine Kritik, Hamburg 1987, S. 115-185.

[11] Zum naturwissenschaftlichen Modellbegriff vgl.: P. C. HÄGELE, Tragweite und Grenzen erfahrungswissenschaftlicher Aussagen, miniporta Nr. 1, Studentenmission in Deutschland, Marburg 1986 (Neuauflage 1997).

scher Naivität zeugenden Schritt.[12] Kann man diesen Schritt dem wissenschaftstheoretisch unbelasteten HAWKING noch nachsehen, so ist es doch unverständlich, warum ein Fachmann für „Grundlagen der Wissenschaft", so die Bezeichnung für das Institut KANITSCHEIDERS, die gebotene Zurückhaltung vermissen lässt.

Wenn die Identifikation des Modells mit der Wirklichkeit erst einmal vollzogen ist, scheint der Weg zu weiterführenden theologischen Aussagen nicht mehr weit. Aber auch hier liegen die Zusammenhänge bei näherem Hinsehen nicht so klar auf der Hand, wie HAWKING uns glauben lassen möchte. Denn mit seiner These von der Ewigkeit der Raumzeit bestreitet er nicht die Endlichkeit des Planeten Erde und des menschlichen Lebens in der Zeit. Verfolgt man die aktuelle kosmologische Diskussion, so muss seine Ewigkeitsthese nicht einmal bedeuten, dass unser Kosmos ohne Anfang und Ende in der Zeit ist, da es theoretisch denkbar erscheint, „dass durch Quantenfluktuation an verschiedenen Orten und zu unterschiedlichen Zeiten unterschiedliche Kosmen mit verschiedenen physikalischen Gesetzen entstehen und vergehen können (‚Blasenkosmos')."[13] HAWKING vollzieht also von der theorieimmanenten „Keine-Grenzen-Bedingung" zur Ewigkeitsthese eine Transzendierung des Modells in die Wirklichkeit (Ontologi-sierung) und schließt dieser Grenzüberschreitung eine unreflektierte theologische Interpretation an.

Ein zusätzlicher Mangel an begrifflicher Reflexion zeigt sich bei KANITSCHEIDER im Zusammenhang mit dem Urknallmodell und dem Gedanken einer „unverursachten Entstehung". Er schließt explizit nur die Entstehung des Universums „aus irgend einem früheren Zustand" aus. Er lehnt damit den konventionellen Kausalitätsbegriff, der einen früheren Zustand in der Ursache zumindest als Randbedingung immer miteinschließt, für den Ursprung des Universums ab. Er lässt hingegen ungeklärt, ob eine „creatio ex nihilo", eine Schöpfung, der kein früherer Zustand vorausging, nicht vielleicht doch mit der Vorstellung von einer Anfangssingularität verträglich ist.

## 5. *Natur und Schöpfung*

Die Bemühungen beider Autoren, die Überflüssigkeit eines Schöpfergottes aus den kosmologischen Theorien abzuleiten, machen ein theologisches Grundproblem der Auseinandersetzung deutlich. Beide gestehen Gott nur dort eine Existenzberechtigung zu, wo physikalische Modellbildung noch einen Freiraum lässt. Diese Argu-

---

[12]   O. GINGERICH und F.J. TIPLER setzen mit ihrer Kritik bereits einen Schritt früher innerhalb der Theorie an. Sie weisen darauf hin, dass für das kosmologische Modell von HAWKING die „Keine-Grenzen-Bedingung" nicht in voller Strenge gilt: die vierdimensionale Kugel mit dem Radius Null lässt sich als Grenze des Universums deuten; s. bei D. A. WILKINSON, The Revival of Natural Theology in Contemporary Cosmology, in: Science & Christian Belief, Bd. 2,2 (1990), S. 95-115.

[13]   H. SCHOPPER, Die Einheit von Mikro- und Makrokosmos, in: Physikalische Blätter 47,1 (1991), S. 46.

mentation stützt sich bei KANITSCHEIDER auf das Postulat vom inhaltlichen Zusammenhang und der logischen Verträglichkeit naturwissenschaftlicher und theologischer Sätze. Wenn er behauptet, das Urknall-Modell lasse keine kausale Deutung im Sinne einer Schöpfung zu, bedeutet dies für ihn, dass selbst der Anfang des Kosmos keinen Platz mehr für den Schöpfer bereit hält.[14] Analog formuliert er, dass es schwierig zu verstehen sei, wie man in einer HAWKING-Welt noch einen Platz für die creatio continuans und damit für das schöpfungserhaltende Wirken Gottes ausmachen könne.[15] „Wo wäre dann noch Raum für einen Schöpfer?" ist auch die Frage von HAWKING,[16] der zudem Gottes Freiheit durch ein vollständiges System von Gesetzen gefährdet sieht.[17] Gott erscheint als Lückenbüßer, dem im Rahmen eines allumfassenden Anspruchs wissenschaftlicher Weltbeschreibung auch die letzte Nische, in der er sein Dasein noch fristet, entzogen wird.

Es ist offensichtlich, dass der zugrundeliegende Ansatz, naturwissenschaftliche und theologische Aussagen miteinander zu verbinden, der Theologie nur noch den Ausweg offenlässt, sich vom naturwissenschaftlich vereinnahmten Thema Natur zu distanzieren, die Schöpfungsaussagen einzig in einem geschichtlichen[18] und existentiellen[19] Rahmen zu interpretieren und die Verborgenheit Gottes in der Natur zu predigen. Der Preis, der für diesen Rückzug zu zahlen ist, ist allerdings hoch: Die totale Distanzierung der Schöpfung von der Natur der modernen Naturwissenschaft hindert an der Erkenntnis der Natur als von Gott anvertrautes Gut, an der Wahrnehmung der ökologischen Verantwortung der Christen, und schwächt das Wort der Kirche angesichts der ökologischen Krise.[20] Außerdem wird in einer Zeit, in der

---

[14]  KANITSCHEIDER, a. a. O., S. 22.

[15]  KANITSCHEIDER, a. a. O., S. 24.

[16]  HAWKING, a. a. O., S. 179.

[17]  HAWKING, a. a. O., S. 209.

[18]  „Die biblische Lehre von der Schöpfung ist abgeleitet von der Geschichte, der Heilsgeschichte des erwählten Volkes"; „Die Natur hat keinen selbständigen Status. ... Die Welt der Natur lebt wie das erwählte Volk im Rahmen des Bundes." J. MUILENBURG, Schüler von G. VON RAD, zit. nach LIEDKE, a. a. O., S. 79.

[19]  „Ich glaube, dass mich Gott geschaffen hat samt allen Kreaturen, mir Leib und Seele, Augen, Ohren und alle Glieder, Vernunft und alle Sinne gegeben hat und noch erhält ...; des alles habe ich ihm zu danken und zu loben, dafür zu dienen und gehorsam zu sein schuldig bin." LUTHERS kleiner Katechismus; „Der Satz von Gottes Schöpfer- und Herrschertum hat seinen legitimen Grund nur im existentiellen Selbstverständnis des Menschen." R. BULTMANN, zit. nach LIEDKE, a. a. O., S. 74.

[20]  Die hier geäußerte Kritik an der bisherigen Auslegungstradition biblischer Schöpfungstexte beruht nicht auf der Überzeugung, die exegetischen Bemühungen müssten sich an den gerade aktuellen Fragen ihrer Zeit orientieren und die ökologische Krise sei das primäre Paradigma, unter dem die Texte in unserer Zeit betrachtet werden müssten. Eine derartige Eigenmächtigkeit und Beliebigkeit im Umgang mit der Bibel steht der Theologie nicht zu. Sie hat zuallererst zu hören, was geschrieben steht, und sich ihre Inhalte von den biblischen Texten geben zu lassen, bevor sie in den Kontext unserer Zeit hinein übersetzt und verkündigt werden. Im Hören aber wird sie wahrnehmen, dass die

das Selbst- und Weltverständnis des Menschen außerordentlich stark durch die Entwicklung der Wissenschaften in Theorie (physikalische und biologische Entwicklungsmodelle) und Praxis (Technik und Technikfolgen) beeinflusst wird, der prägende Einfluss christlichen Denkens reduziert.

Was macht es so schwierig, Gottes Schöpferhandeln und wissenschaftliche Natur-beschreibung miteinander zu vereinbaren? Blicken wir in die Weisheitsliteratur Israels,[21] so finden wir schon dort die Suche nach Ordnungen und Regelmäßigkei-ten in der Natur.[22] Der Ertrag dieser Suche wird zwar in einem eher poetischen Stil dargeboten, der dem Israeliten als die sachgerechte Ausdrucksform galt, erfolgt aber doch vielfach ohne Rückgriff auf religiöse Begriffe und Erklärungen. Gleich-wohl galt der Gegenstand der Erkenntnisbemühungen als von Gott hervorgebrachte und am Leben erhaltene Schöpfung, ohne dass etwas von Spannungen zwischen Welterfahrung und Gotteserfahrung zu erkennen ist. „Man hat mit Recht gesagt, dass in jedem Erkennen zugleich auch ein Vertrauen wirksam sei. Also, hier in der Sentenzenweisheit: Ein Vertrauen in die Stabilität der elementaren Bezüge von Mensch zu Mensch, ein Vertrauen in die Gleichheit der Menschen und ihrer Reak-tionen, ein Vertrauen in die Verlässlichkeit der das Menschenleben tragenden Ord-nungen und damit implizit oder explizit ein Vertrauen zu Gott, der diese Ordnungen in Kraft gesetzt hat."[23]

Wenn wir dagegen Regelmäßigkeiten in der Natur entdecken und beobachten, Naturgesetze formulieren und sie uns in technischer Anwendung nutzbar machen, dann tun wir das meist unbewußt im Vertrauen auf die Geltung eines abstrakten Prinzips, welches wir Kausalprinzip[24] nennen.[25] Kausalität ist eine der Grundan-nahmen unserer Erkenntnisbemühungen, das „Zauberwort der Erklärung" für alle

---

Schöpfungstexte zur Frage nach der Verantwortung des Menschen gegenüber der Natur nicht schweigen, sondern dass die „ökologische" Botschaft der Bibel bisher nur überhört wurde. Vgl. LIEDKE, a. a. O., S. 109-164, Ökologische Auslegung der Schöpfungstexte.

[21]  Die biblische Weisheitsliteratur – die sich vor allem in den alttestamentlichen Büchern Hiob, Sprü-che und Prediger findet – ist Israels Beitrag zu der über den ganzen Orient verbreiteten Sammlung mündlicher und schriftlicher Weisheitsworte, die das Leben in allen seinen Schattierungen aufnah-men, daraus bestimmte Lebensregeln ableiteten und in einprägsame Formeln brachten, um Anlei-tung für ein glückliches Leben zu geben.

[22]  Ein Beispiel findet sich etwa in Sprüche 30,33: „Druck auf Milch bringt Butter hervor, Druck auf die Nase bringt Blut hervor, Druck auf den Zorn bringt Streit hervor."

[23]  G.V. RAD, Weisheit in Israel, Neukirchen 1970, S. 87f.

[24]  Für den Wissenschaftstheoretiker gibt es verschieden starke Ausprägungen des Kausalprinzips, sowie andere Verknüpfungsprinzipien, auf die hier nicht im einzelnen einzugehen ist.

[25]  Verräterisch ist unsere Sprache: Wir fragen nicht danach, wie der Stein zu Boden fällt, um dann zur Antwort zu geben, er falle nach dem Kraftgesetz „F=mgh", sondern wir fragen danach, warum der Stein zu Boden fällt, und erhalten zur Antwort, er werde von der Erde angezogen. Andere als Wie-Fragen können von der Naturwissenschaft aber prinzipiell nicht beantwortet werden.

regelhaften Naturvorgänge und der Bürge für einen berechenbaren Umgang mit der Natur. Gerade weil wir keinen Beweis für die Existenz eines Kausalprinzips haben, es aber als eine Bedingung möglicher Erfahrung betrachten, ist es kein empirischer, sondern ein metaphysischer, weltanschaulicher Begriff.[26] Wenn wir uns bescheiden würden zu sagen, dass nach unserer Erfahrung bestimmte Bedingungen immer gewisse Folgen nach sich ziehen, dass das Geheimnis dieser Verbindung unseren wissenschaftlichen Erkenntnisbemühungen verborgen ist, würden wir die Behauptung, Gott sei der Architekt und Garant dieser Ordnung, nicht als Widerspruch zu unserer Erfahrung empfinden.

*„Die ganze Welt besteht aus Sand"* – *Die wissenschaftlich klingende Extrapolation einer Ameise, die in der Wüste Gobi lebt.*

---

[26] „Blicken wir auf die uns umgebenden Außendinge und betrachten wir die Wirksamkeit der Ursachen, so sind wir in keinem einzigen Fall in der Lage, irgendeine Kraft oder einen notwendigen Zusammenhang zu entdecken, irgendeine Eigenschaft, welche die Wirkung an die Ursache bindet und die eine zur unausbleiblichen Konsequenz der anderen macht. Wir finden nur, dass die eine in Wirklichkeit tatsächlich auf die andere folgt." D. HUME, Eine Untersuchung über den menschlichen Verstand, Stuttgart 1967, S. 85.

Weil aber der „Mechanismus", der die Wirkung an die Ursache bindet, in unserem Denken schon mit der Kausalitätsvorstellung besetzt ist, ist für eine theologische Deutung der Naturgesetze kein Platz mehr.[27]

Die Erkenntnis, dass nicht etwa wissenschaftliche Naturerkenntnis und biblische Schöpfungsaussagen widereinander streiten, sondern naturphilosophische Prägung mit biblischen Aussagen in Konflikt gerät, ermöglicht eine neue Offenheit gegenüber den Schöpfungstexten der Bibel, ein neues Verhältnis zur Natur als Schöpfung Gottes und eine neue Chance theologischen Nachdenkens über die Natur als einer zur Naturwissenschaft komplementären Erkenntnisbemühung.

---

[27] Es geht nicht darum, der Theologie innerhalb eines wissenschaftlich-bestimmten Weltbildes nun doch noch eine Lücke und damit eine Existenzberechtigung aufzutun. Vielmehr soll hier in Anlehnung an die Erträge israelischer Weisheitsliteratur auf ein „Fenster" hingewiesen werden, das für den Glaubenden Gottes Schöpferhandeln hindurchscheinen und seine universale, wirklichkeitsumfassende und -durchdringende Macht erahnen lässt.

## *Autoren und Herausgeber*

Prof. Dr. Gerhard BÖRNER
Max-Planck-Institut für Astrophysik, 85740 Garching

OStRin Dipl.-Phys. Edith GUTSCHE
Unter den Tannen 4, 32457 Porta Westfalica

Pfarrer Hermann HAFNER
Unter den Eichen 13, 35041 Marburg

Dr. Johannes KNÖPPLER
Friedrichstr. 31, 67122 Altrip

Dr. Alfred KRABBE
Rutherfordstraße 2, 12489 Berlin

OStR Hans Wolfgang VALET
Buchbronnenweg 40, 89134 Blaustein

Prof. Dr. Volker WEIDEMANN
Leibnizstraße 15, 24098 Kiel

## Veröffentlichungen der SMD

**■ SMD ■**
Studentenmission in Deutschland
Schüler · Studenten · Akademiker

# ■PORTA − die Zeitschrift

Ältere Ausgaben kosten pro Exemplar DM 1,-/€ 0,50:

Die neu gestaltete PORTA kostet DM 4,50/€ 3,- pro Exemplar:

PORTA-Abonnement: DM 8,-/€ 4,- pro Jahr (zwei Ausgaben, zzgl. Porto)

# ■PORTASTUDIEN

# ■ PORTA*impulse*

# ■ *porta mini*-**IMPULSE**

# ■ **miniPORTA**

Pro Hefte im A 6-Format DM 1,-/€ 0,50

Festschrift zum 50jährigen Bestehen der SMD
**Rechenschaft geben von unserer Hoffnung** (1999, 288 S., gratis)

**Bestellungen bitte an:**
(alle Preise zzgl. Porto)

**SMD, PF 20 05 54, 35017 Marburg**
**Fon: 0 64 21 / 91 05 0; Fax: 0 64 21 / 2 12 77,**
**E-mail: porta@smd.org**